지금까지 이런 지구과학 수업은 없었다

지금까지 이런 지구과학 수업은 없었다
EARTH SCIENCE

영재고 · 과학고 경험을 바탕으로 한 생생한 수업

김도형 지음

좋은땅

이 책을 친구에게 알리지 마라

- 영재고·과학고 경험을 바탕으로 한 생생한 지구과학 수업 -

　이 책은 중학교 과학 교육과정 성취 기준에 있는 지구과학 내용을 다루었어요. 공부를 제법 잘하는 친구들은 과학고, 영재학교를 준비하죠? 공부를 어떻게 하나요? 혹시 무작정 외우기만 하나요? 무조건 외우는 공부는 한계가 있어요. 선생님이 이 책을 쓴 이유는 '지구과학을 이렇게 재미있게 공부할 수 있구나.'라는 것을 느끼게 해 주고 싶기 때문이에요. 과학은 당연히 어렵죠. 과학자들이 한평생을 연구 한 개념을 여러분은 한 시간에 공부하는 것이기 때문에 어려울 수밖에 없어요. 그래서 선생님은 여러분의 이해를 최대한 돕기 위해 재미있는 비유를 통하여 개념을 설명하려고 했어요. 꼭 공부를 잘하는 친구들만을 위한 책은 아니에요. 과학이 어렵고 짜증나고 외우기만 하는 친구들은 이 책을 통해 흥미와 재미를 가질 수 있는 기회가 될 것이에요.

　선생님이 중학교, 일반고, 특성화고, 과학고, 영재학교에 있으면서 재미있게 가르쳤던 내용을 여러분들과 함께 공유하고 싶었어요. 하루에 5~10분만 투자하여 한 주제만 재미삼아 읽는다고 생각하면 이 책은 20일이면 다 읽을 수 있어요. 이 책을 덮는 순간 '어떤 과목도 이렇게 공부하면 재미있게 할 수 있겠는데?'라는 생각이 들었으면 좋겠어요. 그럼 지금부터 지구과학 세계로 빠져 볼까요?

목차

01

달에도 지진계가 설치되었다고?
지금도 지진계가 아직 있어?

여러분, 지구에서는 활발하게 지진이 일어나고 있습니다. 지진이 발생하는 이유는 무엇이죠? 많은 이유가 있겠지만 가장 큰 이유가 단층의 움직임입니다. 단층이란 무엇일까요? 그림으로 살펴보아요.

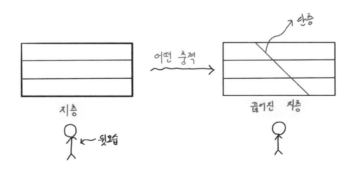

차곡차곡 쌓인 지층이 있는데 어떠한 충격으로 지층이 끊어질 수 있겠죠? 그럼 우리가 끊어진 지층을 볼 때 금이 '쫙' 그어져 있겠죠? 그런 구조가 있는 지층을 단층이라고 합니다.

공부를 더 잘하는 친구들은 이런 질문을 할 수 있어요. "단층은 왜 움직이는 것인가요?" 좋아요, 좋아요. 공부는 이렇게 계속 의문을 가져야 제대로 배울 수 있습니다. 좋은 태도예요. 단층의 움직임에 가장 크게 영향을 주는 것이 판(Plate)의 상대적인 움직임 때문입니다. 지구의 가장 껍데기 부분인 지각이 몇 개의 퍼즐 조각처럼 되어 있다는 것을 들어 본 적이 있나요? 판의 정확한 개념은 책을 조금 더 넘겨 보면 나와요. 여기서는 간단하게 설명할게요. 지구의 가장 껍데기 부분인 지각이 움직이고 있어요. 단적인 예로, 지구에서 가장 높은 산은 에베레스트 산입니다. 에베레스트 산은 1년에 약 5㎝씩 계속 키가 커지고 있다고 하네요. 에베레스트 산은 두 판이 '꽝!' 하고 충돌하여 생겼어요. 지금도 서로 충돌하고 있어서 더 높아지고 있어요. 자, 그럼 지구의 지진은 여기까지만 다루고, 달 지진에 대하여 알아볼까요?

여러분, 달에 지진이 일어날 수 있을까요? 만약, 지진이 일어났다면 분명 달이 흔들렸겠죠? 달의 흔들림을 측정하려면 지진계를 설치해야 하는데……. 너무 궁금하죠? 일단 답은 **달에 지진계를 설치하여 지진으로 인한 달의 떨림을 측정했습니다.** 어떤 친구들은 "에이, 설마, 거짓말하지 마세요."라 생각하는 친구들도 있겠죠? 선생님이 여러분이 읽는 책에 거짓말을 하겠어요? 아니겠죠?

달에는는 미국의 아폴로 계획을 통하여 지진관측망이 구축되었어요. 아폴로 11, 12, 14, 15, 16호가 설치한 지진계의 위치와 관측 기간을 표로 정리해 보았어요.

우주선 이름	위치	관측 기간
아폴로 11호	0.67°N, 23.49°E	1969년 7월 21일부터 1969년 8월 27일까지
아폴로 12호	2.04°S, 23.42°W	1969년 11월 19일부터 1977년 9월 30일까지
아폴로 14호	3.65°S, 17.48°W	1971년 2월 5일부터 1977년 9월 30일까지
아폴로 15호	26.08°N, 3.66°E	1971년 7월 31일부터 1977년 9월 30일까지
아폴로 16호	8.97°S, 15.51°E	1972년 4월 21일부터 1977년 9월 30일까지

아래 그림은 달의 앞면과 지진계 위치를 표시한 것이에요.

다음 그림은 달의 떨림을 기록한 지진기록계예요.

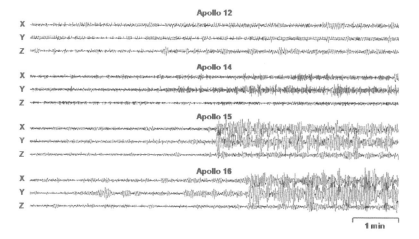

X는 동서 방향의 떨림을, Y는 남북 방향의 떨림을, Z는 수직 방향의 떨림을 측정한 것이에요.

달의 떨림을 기록한 지진기록계를 보니깐 뭔가 새롭고 신선한 충격으로 다가오지 않나요?

그럼, 달에는 어떠한 이유로 지진이 나타날까요? 우선, 달은 매우 차갑고 빨리 식었기 때문에 지구만큼 내부 온도가 높지 않아요. 그래서 지구처럼 판의 움직임이 활발하지 않답니다. 그럼 어떤 이유 때문일까요?

• 지구와 태양이 달을 잡아당긴다?

지구와 태양은 달에 비하여 질량이 크기 때문에 달을 많이 잡아당겨요. 그런데 지구와 태양을 마주 보고 있는 달의 표면은 더 많이 잡아당겨지겠죠? 물론 그렇지 않은 날의 표면 부분도 있겠죠? 이러한 힘을 조석력이라고 합니다. 조석력도 책 뒷부분에 재미있게 소개되고 있어요. 이러한 조석력으로 갈라져 있는 달의 단층들이 움직일 수 있겠죠?

• 달은 14일이 밤? 14일이 낮?

지구는 24시간 동안 한 바퀴 자전하기 때문에 위도와 절기에 따라 다르겠지만 춘분과 추분이라고 가정한다면 12시간은 밤, 12시간은 낮이죠? 그런데 달은 한 바퀴 자전하는 데 대략 28일이 걸려요. 그래서 14일은 밤, 14일은 낮이에요. 그런데 달은 대기가 없기 때문에 밤에는 -100℃, 낮에는 100℃ 이상이 됩니다. 이 온도 차이가 암석에 영향을 주면서 단층의 움직임을 유발할 수 있겠죠?

• 운석 충돌

운석이 달에 충돌할 때 발생하는 에너지가 단층 움직임에 당연히 영향을 주겠죠?

달에도 지진이 발생한다고 하니, 놀라우면서도 신기하지 않나요? 그리고 달에 지진계가 아직도 있겠죠? 망원경으로 달을 자세히 보아요! 지진계를 찾을 수 있을까요?

지구 내부에 대하여 공부해 보아요. 물론, 시시하다고 생각하는 친구들도 있어요. "지각, 맨틀, 외핵, 내핵으로 구분되지 않나요?" 맞습니다. 똑똑하군요. 그런데 어떻게 알게 되었죠? 직접 뚫고 가 보았을까요? 현재 기술로는 지각도 다 뚫지 못 한답니다. 그럼 직접적인 방법이 아니라 간접적인 방법인데, 간접적인 방법에는 어떤 것이 있을까요? 만약 여러분이 길을 가다가 발을 삐끗했어요. 뼈에 금이 간 것 같아요. 그럼 잔인하지만 뼈에 금이 생겼는지 알아보기 위해서 살을 째고 뼈를 직접 봐야 할까요? 상상만 해도 아프겠군요. 선생님은 직접적인 방법보다는 간접적인 방법을 택하겠습니다. X-ray 촬영을 하겠습니다. 만약 뼈에 금이 갔다면 금이 있는 곳은 검은 선으로 표시가 될 것이에요. 이렇게 지구 내부 구조를 알아보기 위해서는 간접적인 방법이 필요합니다. 바로 '지진파'입니다. 지구 내부의 급격한 변동에 의해 발생하는 땅의 흔들림인데, 이러한 지진이 발생할 때 생긴 진동이 사방으로 전달되는 것을 지진파라고 합니다. 그런데 **지진파를 이용하면 지구 내부에 어떤 물질이 있는지 알 수 있어요.** 그림을 한번 볼까요?

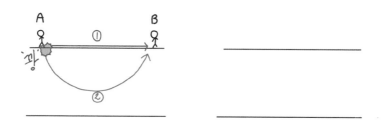

A지점에서 다이너마이터를 꽝! 하고 터뜨렸어요. 그럼 B까지 에너지가 전달되겠죠? 그런데 A에서 B까지 에너지가 전달되는 경로가 두 가지가 있네요? 에너지가 전달되는 경로가 지진파가 진행하는 경로입니다.

①번, ②번. 삼간, 다른 이야기를 해 볼게요. 육상 100m 결승입니다. 과연 누가 1등으로 들어올까요? 와! 1등은 "누구누구입니다~"라는 중계 들어 보았죠? 그럼 ①번과 ②번 경로 중 누가 첫 번째로 도달할까요? 경로가 짧은 ①번일까요? 땡! 아닙니다. **정답은 ②번입니다.** 경로가 더 긴데 ②번이 빠르다고요? 네. 맞습니다. 특별한 경우가 아니면 지구 내부로 갈수록 지진파 속도가 빨라진답니다. 지진파 속도에 가장 큰 영향을 끼치는 요인은 지진파가 나아가는 **매질의 밀도와 상태**입니다. 다음 예를 한번 볼까요?

> **지진파가 도착할 때가 되었는데? 왜 느리지?**
> ↓
> **밀도가 낮은 부분을 통과하였구나!**
> ↓
> **주변 지층보다 밀도가 낮은 지하수(액체), 마그마(액체),
> 석유(액체)가 있을 가능성이 있겠군!**

> **지진파가 엄청 빨리 도착했다. 왜 빠르지?**
> ↓
> **밀도가 높은 부분을 통과하였구나!**
> ↓
> **주변 지층보다 밀도가 높은 암석이나 광상(광물이 모여 있는 곳)이
> 존재할 가능성이 있겠군!**

이번에는 그림으로 이해해 볼까요?

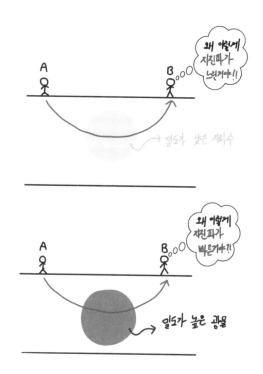

이해되었나요?

사실 위 예는 지구 반지름 약 6,400㎞에 비하면 아주 얇은 부분에서 일어날 수 있는 가능성입니다. 사실 지각과 얇은 맨틀을 지나고 나서 내핵까지 지진파가 전파될 때 **밀도와 상태에 가장 큰 영향을 주는 요인이 온도입니다.** 이 사실로 지구에도 온도가 높은 부분, 낮은 부분을 구분하여 나타낼 수 있답니다. 신기하지 않나요?

여러분, 선생님이 깊이에 따른 지진파 속도(P파) 변화를 나타낼 테니 구간을 나눠 보세요.

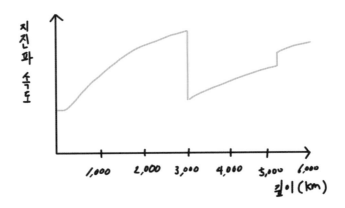

몇 개의 구간으로 나누었나요? 지각, 맨틀, 외핵, 내핵으로 나눌 수 있나요? 아래 그림처럼 나뉘어지나요?

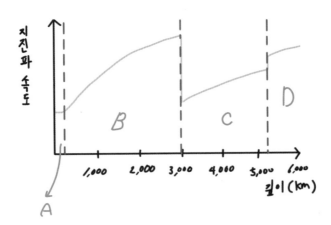

A는 지각, B는 맨틀, C는 외핵. D는 내핵입니다.

A에서 지진파 속도가 거의 일정하게 나타나지만 깊어질수록 증가하고 있을 것이에요. 왜냐하면 깊어질수록 압력에 따라 매질의 밀도가 증가하기 때문입니다. 하지만 깊이가 아주 얕기 때문에 거의 일정한 것처럼 보일 뿐입니다.

B에서 깊이에 따라 압력에 의한 밀도 증가로 지진파 속도는 당연 빨라집니다.

B와 C 경계에서 갑자기 지진파 속도가 '뚝' 떨어지죠? 지진파 속도에 가장 큰 영향을 주는 요인이 매질의 밀도와 상태라고 했죠? 그럼 속도가 떨어지는 이유가 어떤 요인 때문일까요? 힌트를 드릴까요? B의 하부 밀도는 약 5.5g/㎤이고, C의 밀도는 약 10g/㎤입니다. 밀도가 커졌는데, 지진파 속도가 빨라졌다는 것은 밀도 증가에 의한 지진파 속도 증가보다는 상태에 따른 지진파 감소 효과가 더 크다는 것이에요. 즉, 이 구간이 액체가 시작되는 외핵입니다. 매질이 고체에서 액체로 바뀌면서 지진파 속도가 크게 느려졌군요. 하지만 외핵으로부터 내핵에 도달하기까지 지진파 속도는 압력에 따른 밀도 증가, 그리고 다시 상태가 고체로 바뀌면서 증가하게 됩니다.

D는 내핵입니다. 다시 고체가 되는 구간이에요. 깊어질수록 온도도 증가하지만 그것보다 압력의 효과가 더 커서 고체로 되어 있는 구간입니다.

자, 오늘 배운 내용 어땠나요? 재미있었나요? 선생님이 더 많은 내용을 자세하게 설명하고 싶었지만 중학교과정에서 다루지 못 하기 때문에 간단하게 또는 생략한 부분이 있어요. 그런 부분이 궁금하다면? 여러분이 직접 찾아보세요. 직접 찾고 공부하면 즐거움이 배가 된답니다.

02

절대 잊어버리지 않는
암석의 분류

여러분이 서 있는 곳은 화성암일까요? 퇴적암일까요? 변성암일까요? 여러분 주변에 있는 제일 가까운 산은 어떤 암석으로 되어 있을까요? 한 번쯤 이런 생각을 해 본 적 있죠? 이번에는 여러분들과 함께 암석의 분류에 대하여 공부해 보아요. 암석의 명칭은 너무 다양해서 외우지는 못해요. 외운다는 생각보다는 반복해서 계속하다 보면 절로 외워진답니다. 암석은 생성 과정에 따라 화성암, 퇴적암, 변성암으로 분류합니다. 차근히 하나씩 알아보도록 해요.

1) 화성암

화성암이란 지하 깊은 곳에서 마그마가 서서히 식거나 지표로 흘러나와 급히 식으면서 형성된 암석입니다. 단어에서 알 수 있듯이 불(Fire)로 만들어진 암석을 의미하겠죠?

놀라운 사실은 앞에서 배운 지각의 대부분(95% 이상)을 차지한답니다. 여러분들이 암석을 분류해 볼까요?

선생님 연구실에 있는 암석 중 화성암 6개를 찍었어요. 우선, 첫 번째로 입자 크기가 큰 것 3개와 입자 크기가 너무 작아 보이지 않는 것 3개로 나누어 볼까요?

잘 나누었나요? 선생님도 해 봐야겠어요! 선생님은 다음과 같이 나누었습니다.

입자 크기가 작은 화성암			
입자 크기가 큰 화성암			

여기서 입자 크기가 작은 화성암을 **'화산암'**이라 명명하고 입자 크기가 큰 화성암을 **'심성암'**이라 명명합니다. 많이 들어 보았죠? 보세요! 여러분도 충분히 암석을 나눌 수 있잖아요. 이번에는 여러분 색깔로 나누어 볼까요? 아래 표에 적절한 암석 사진을 짝지을 수 있나요?

	어두운 색 ←──────────────→ 밝은 색		
화산암			
심성암			

잘 나누었나요? 선생님도 해 봐야겠어요! 선생님은 다음과 같이 나누

었습니다.

이번에는 조금 어려웠나요? 심성암은 비교적 쉽게 나눌 수 있었으나 화산암은 조금 어려웠었죠? 괜찮아요. 중요한 것은 아니에요. 드디어 교과서나 참고서에 나오는 암석분류표를 여러분들과 선생님이 같이 만들었습니다! 자랑스럽죠?

그런데 궁금한 것이 있어요.

입자 크기는 왜 달라질까요? 정답은 **마그마가 식는 속도 때문**입니다. 심성암은 마그마 냉각 속도가 느립니다. 천천히 식는 것을 의미하죠. 천천히 식으면 입자 덩치가 커지기 쉬워요. 더 쉬운 비유를 해 볼까요? 공룡 덩치는 엄청 크죠? 왜 그렇게 커졌을까요? 중생대는 빙하기가 없는 따뜻한 시대였습니다. 따뜻하니 식물들도 쑥쑥! 공룡들도 쑥쑥! 아주 평온한 시기였죠. 그런데 갑자기 빙하기가 찾아오면 먹을 것도 없이 공룡들 덩치가 작아지겠죠? 화산암은 마그마 냉각 속도가 빠릅니다. 급격히 식는 것을 의미하죠. 급격히 식으면 입자들이 크게 성장할 시간적 여유가 없어요. 그래서 입자 크기가 작아진답니다. 입자 크기가 너무 작아 보이지 않을 수도 있어요.

암석 색깔은 왜 다를까요? 이 부분은 살짝 어려운데, 쉽게 설명해 볼게요. 암석을 이루는 것은 무엇일까요? 빙고! **광물입니다.** 어두운 암석은 고철질 광물이 많아요. 철과 같은 금속 성분이 많기 때문에 이러한 금속 성분들이 빛과 상호작용을 통해 색깔을 만들어 냅니다. 즉, 유색광물이 많아지면서 색깔이 어두워집니다. 밝은 암석은 철과 같은 금속성분도 있지만 어두운 암석보다는 적어요. 하지만 SiO_2 함량이 많아요. SiO_2는 석영이죠? 석영은 색깔이 어떤가요? 밝죠? 그래서 밝은 암석이 된답니다. 자! 이제 암석이름으로 완벽한 암석 분류를 해 볼까요?

2) 퇴적암

퇴적암은 퇴적물이 속성작용을 받아 만들어진 암석입니다. 여기서 속성작용이란 눌러지고 다져지고 굳어지는 과정이라고 생각하면 돼요. 퇴적암을 분류하기 전에 퇴적암 특징을 살펴보고 가요. 눈을 감고 머릿속으로 생각해 보아요. 퇴적암이라고 하면 어떤 것이 먼저 떠오르나요? 선생님은 바닷가에 차곡차곡 쌓여 있는 지층이 떠오릅니다.

위 사진은 선생님이 살고 있는 부산의 지질명소 중 태종대 해안가에 있는 퇴적암 사진이에요. 어떤 특징이 보이나요? 줄무늬가 보이나요? 위와 같은 **줄무늬 구조를 '층리'**라고 합니다.

그럼, 여러분 층리는 무엇 때문에 생길까요? 많은 이유가 있는데 두 가지만 이야기해 볼까요?

첫 번째는 **입자를 이루는 크기**입니다.

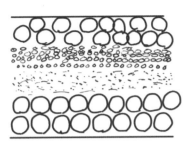

위와 같은 지층이 있습니다. 여러분은 몇 개의 층리가 보이나요? 1개? 2개? 3개? 4개? 구분되어지는 곳이 보이나요? 선생님이 한번 구분해 볼게요.

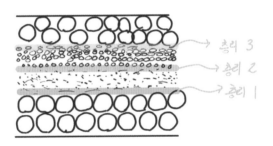

3개의 층리가 보이는군요! 제일 아래층은 입자 크기가 층마다 다르면 층과 층 사이는 구분되어지겠죠?

두 번째는 **층의 색깔**입니다.

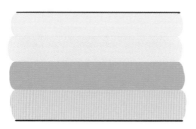

이번에는 더 쉽죠? 3개의 층리가 보이나요?

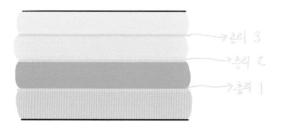

　퇴적암의 분류를 해 볼까요? 퇴적암은 퇴적 과정에 따라 쇄설성 퇴적암, 생물학적 퇴적암, 화학적 퇴적암으로 나눌 수 있어요. 하지만 교과서에 등장하는 역암, 사암, 이암, 셰일 등은 쇄설성 퇴적암이에요. 그래서 선생님도 쇄설성 퇴적암을 이 책에서 다뤄 볼게요. 여러분 **분쇄**라는 단어 들어 보았죠? 부서진다는 뜻을 가지고 있습니다. 즉, 다른 암석이 풍화·침식작용을 받아 부스러진 암석 알갱이들이 쌓여 형성된 암석이에요.

　역암, 사암, 이암, 셰일을 나누는 기준을 먼저 살펴보아요.

암석을 이루는 주요 입자 크기	암석 이름
2mm 이상	역암
2mm~1/16mm	사암
1/16mm~1/256mm	실트암
1/256mm 이하	이암

"어? 선생님. 셰일이 없어요!"라고 질문하는 학생들 있죠? 셰일은 1/16 mm보다 작은 입자로 구성되며 평행한 면을 따라서 얇게 쪼개지는 성질을 가진 암석이랍니다. 그래서 실트암이나 이암이 마치 얇은 층을 이루고 있는 것처럼 보이면 셰일이라고 따로 불러 주는 것이에요.

자, 그럼 아래 그림은 역암, 사암, 이암, 셰일을 순서 없이 나타낸 것입니다. 암석 이름과 짝지을 수 있나요?

정답을 볼까요?

사암	셰일
역암	이암

사암: 알갱이가 작으면서 뭔가 거칠거칠한 느낌이지 않나요?

셰일: 겹겹이 쌓여 있는 것 같지 않나요? 입자는 보이지 않죠?

역암: 제법 굵직한 알갱이들이 눈에 확실히 보이네요?

이암: 마치 분필처럼 너무 연하고 잘 쓰여질 것 같죠?

3) 변성암

선생님이 가장 좋아하는 변성암입니다. **변성암은 이전에 있었던 암석이 열과 압력을 받아서 형성된 암석이에요.** 여러분, 그런데 변성암은 어떻게 생겼을까요? "줄무늬가 있어요!"라고 대답하는 친구들이 있죠? 훌륭합니다. 변성암에는 바로 이런 줄무늬가 나타나는데 이를 '**엽리**'라고 불러줍니다. 그런데 편리와 편마는 무엇일까요? 여러분, 편암과 편마암은 교과서에도 잘 나오는 변성암입니다. 편암에 나타나는 줄무늬 구조를 편리, 편마암에 나타나는 줄무늬 구조를 편마라고 합니다. 쉽게 이야기하면 **엽리가 얇으면 편리, 굵으면 편마**라고 생각하면 돼요.

그럼 아래 그림 중에 변성암을 찾아낼 수 있나요?

몇 개가 변성암일까요? 1개? 2개? 3개? 4개? 5개? 아닙니다! 모두 변성암입니다. 엽리 구조가 뚜렷하게 보이는 것도 있지만 대부분 변성암이 엽리 구조가 보이지 않죠? 그런데 어떤 근거로 변성암이라고 할까요? 재미있는 비유를 한번 해 볼까요?

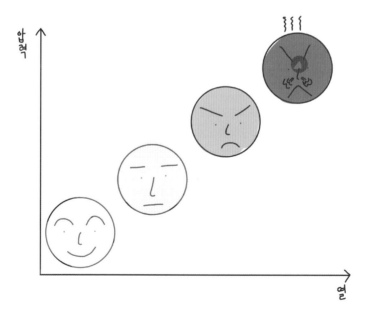

위 그래프에 있는 얼굴은 선생님의 얼굴이에요. 그래프를 해석하려면 X축과 Y축이 어떤 변수인지 살펴봐야겠죠? X축은 선생님을 열 받게 만드는 '**열**'이고 Y축은 선생님 뚜껑을 열리게 하는 '**압력**'입니다. 열과 압력이 거의 없을 때는 평온한 얼굴이죠? 웃고 있어요. 점점 열을 받으면서 눈썹이 올라가고 점점 얼굴색이 붉어지면서 열과 압력을 엄청 받을 때는 콧구멍에서 바람이 '쒹쒹' 나오며 머리에서 김이 모락모락 나고 있어요. 즉, 선생님 얼굴만 보아도 어느 정도의 열과 압력을 받았는지 알 수 있어요.

즉, 암석으로 이야기하면 선생님의 얼굴이 암석이에요. 눈썹과 입술과 얼굴 색깔은 암석을 이루고 있는 광물이라고 생각해 보아요. 열과 압력에 따라 각 광물들이 변해 가고 있죠? 열과 압력이 거의 없는 평범한 암석에서는 절대 볼 수 없는 광물이 나타납니다. 즉, 암석을 이루고 있는 광물이 변성이 되는데 이를 변성광물이라고 합니다. 즉, 변성암은 암석을 이루고 있는 변성광물의 존재로 판단되어져요. 앞에서 이야기 한 편마암은 굵직한 줄무늬를 가지고 있죠? 엄청난 열과 압력을 받을 때만 나타날 수 있는 특별한 구조랍니다. 여러분들은 똑똑하기 때문에 조금 더 깊이 이야기해 볼게요. 변성암에 있는 변성광물(눈썹, 입술, 얼굴 색깔 등)을 보고 어느 정도의 압력과 열을 받았는지 알 수도 있겠죠? 이런 이유로 선생님은 변성암을 좋아한답니다. 너무 재미있지 않나요?

자, 그럼 교과서에 잘 나오는 위 6가지 변성암 이름 정도는 알아야겠죠? 그리고 변성 정도에 따라 표시해 볼게요.

원래 암석	변성암 낮은 변성 정도 ⟨——————⟩ 높은 변성 정도			
셰일		열과 압력에 의한 변성		
		점판암 (슬레이트)	천매암	편암	편마암
셰일		열에 의한 변성 혼펠스		
사암		열에 의한 변성 규암		
석회암		열에 의한 변성 대리암		
화강암		열과 압력에 의한 변성 편마암		

외우지는 마세요. 계속 반복하다 보면 절로 외워지니까요. 이번 시간에는 선생님과 암석에 대하여 배워 보았습니다. 어땠나요? 재미있었나요? 다음 시간에는 암석을 이루고 있는 기본 단위인 광물에 대하여 배워 보는 시간을 가져 보도록 할게요.

03

광물아, 광물아!
너의 진짜 내면의 모습을 보여 줘!

여러분, 제목이 웃기지 않나요? 광물의 진짜 내면의 모습? 선생님이 진짜 예쁜 광물 내면의 모습을 보여 주면 여러분들은 광물의 아름다움에 매료되어 헤어 나오지 못할 것 같아요. 진짜 너무 예쁘거든요. 광물의 진짜 모습이 궁금하지 않나요? 교과서나 참고서에 나오는 뻔한 내용은 스스로 공부하시고 책에서는 설명은 최소한으로 하고 예쁜 그림은 최대한으로 할게요. 그런데, 기본은 배우고 가야겠죠?

광물의 정의가 무엇일까요?

- **인공이 아닌 자연적으로 형성되어야 한다. 천연물이어야 한다.**
- **균질한 고체이다.**
- **화학 조성이 일정하다.**

- **뚜렷한 결정구조를 가지고 있다.**

위 네 가지를 만족하는 것이면 광물이라고 할 수 있어요. 우리 주변에 광물이 사용되지 않는 것이 없을 정도로 많이 사용되어지고 있어요. 여러분이 가지고 있는 휴대폰에도 최소 20가지 이상의 금속 광물들이 사용된답니다.

혹시, 모스경도 또는 모스굳기계라고 들어 본 적 있나요?

독일의 광물학자인 프리드리히 모스가 주위에서 쉽게 얻을 수 있는 10개 광물들을 서로 긁어서 어느 쪽이 흠집이 나는지 관찰하여 상대적인 굳기를 1부터 10까지 번호순으로 나열한 것이에요. 다음 표는 모스 굳기 순서와 광물 명칭과 절대 굳기를 나타낸 것이에요.

모스 굳기	광물	절대 굳기
1	활석	1
2	석고	2
3	방해석	9
4	형석	21
5	인회석	48
6	정장석	72
7	석영	100
8	황옥	200
9	강옥	400
10	금강석(다이아몬드)	1500

다이아몬드가 주변에서 쉽게 구할 수 있는 광물이라니, 혹시 모스는 완전 부자? 그것보다는 다이아몬드가 워낙 단단하기 때문에 마지막 10번으로 한 것은 아닐까요?

그럼 모스굳기계에 등장하는 아름다운 광물을 잠깐 감상할까요? 선생님이 연구실에 있는 광물을 직접 찍었어요.

10번 다이아몬드는 알죠?

광물과 암석이 지겹고 재미없다고 생각하는 친구들은 지금부터 광물 사진을 감상해 보아요. 조흔색, 굳기, 염산 반응 등등 그런 것 말고 순수하게 광물에 빠져 보아요. 제발 광물 이름 외우지 말구요!

아회장석(장석 종류)	조장석(장석 종류)	석류석
휘석	흑운모	녹니석
백운석	석고	각섬석
고령토	백운모	감람석

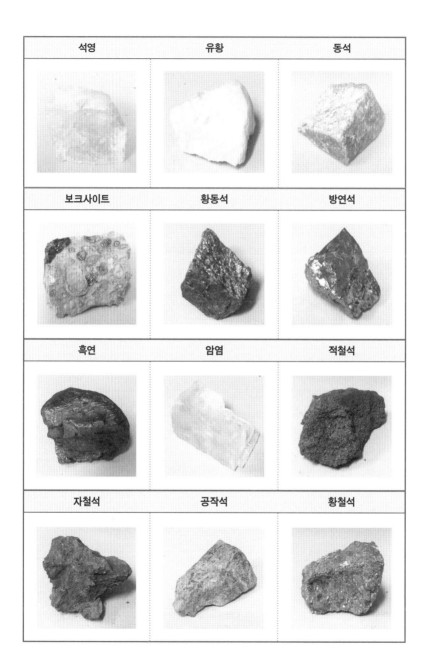

석영	유황	동석
보크사이트	황동석	방연석
흑연	암염	적철석
자철석	공작석	황철석

어때요? 광물마다 색깔, 광택, 투명도 등 많이 다르죠? 여러분 이렇게 예쁜 광물 겉모습에 벌써 빠져들면 안 되죠. **광물들의 진짜 내면의 모습! 속살을 아직 안 보았어요.** 광물 내면의 모습을 보기 위해서는 사실 눈으로 보는 것이 아니라 편광 현미경이라는 것을 이용해야 해요. 빛의 성질 중 편광이라는 성질을 이용해서 보는 것이죠. 중학생 친구들이기 때문에 너무 어려운 내용을 이야기하는 것보다 아름다움을 느끼는 것이 더 중요하다고 생각해요. 관심이 생겨야 공부하는 것도 재미있어지잖아요. 그래도 궁금한 친구들이 있으니깐 간단하게 설명할게요. 광물이나 암석을 아주 얇게 자른답니다. 그리고 연마제를 이용하여 열심히 갈아요. 빛이 투과될 정도까지 갈아야 해요. 얇게 간 광물이나 암석을 유리 글라스에 붙인 것을 박편이라고 해요. 박편을 편광현미경 제물대 위에 올려두고 관찰하면 예쁜 광물이나 암석의 내면을 마주하게 되죠. 그럼 글은 여기까지만 적고 이제 아름다운 내면의 세계로 빠져들어 봅시다. 광물 이름은 외우지 마세요. 그냥 느껴 보세요. 광물의 아름다움을. 그리고 선생님과 인사도 여기서 해요. 편광현미경으로 본 광물의 진짜 내면의 모습을 끝으로 보면 됩니다.

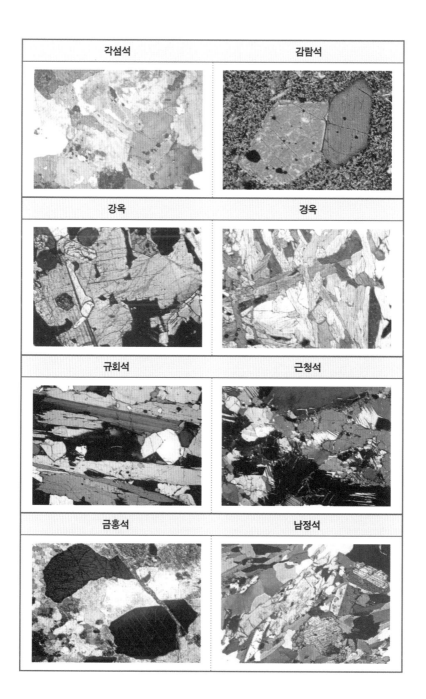

각섬석	감람석
강옥	경옥
규회석	근청석
금홍석	남정석

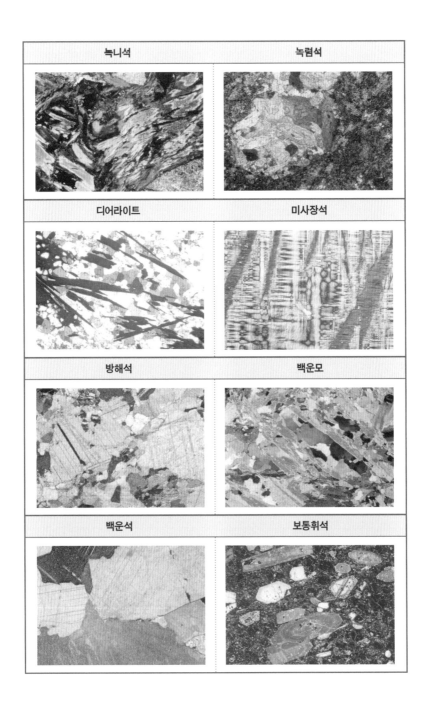

녹니석	녹렴석
디어라이트	미사장석
방해석	백운모
백운석	보통휘석

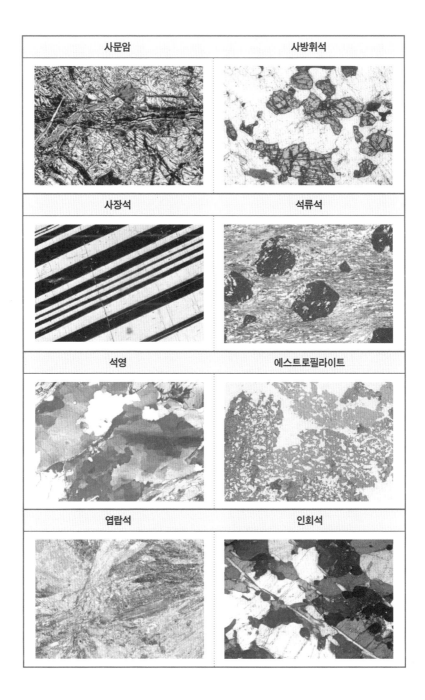

사문암	사방휘석
사장석	석류석
석영	에스트로필라이트
엽랍석	인회석

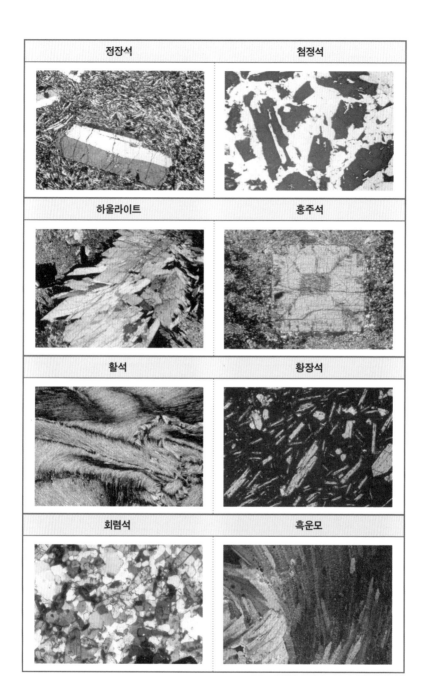

정장석	첨정석
하울라이트	홍주석
활석	황장석
회렴석	흑운모

04

감히! 여기가 어디라고 천문·기상을 전공한 네가 "대륙이 움직인다!"라고 이야기해?

여러분, 제목이 조금 무섭네요? 갑자기 분위기가 가라앉아 버린 것 같아요. 제목만 보아도 어떤 내용을 배워야 하는지 감이 잡히나요? 맞습니다! **대륙이동설을 주장한 알프레도 베게너**에 대하여 배워 보도록 해요. 그리고 판 구조론까지 살짝 이야기해 볼게요. 사실, 베게너는 과학자이기도 하면서 동시에 탐험가이기도 해요. 베게너는 천문학으로 박사학위를 취득하였지만 천문학을 그만두고 새로 떠오르고 있는 기상학과 기후학에 관심을 많이 가지게 되었어요. 기후학에 관심을 가지게 된 계기도 흥미로워요.

선생님이 결혼을 했어요. 그럼 선생님 아내가 있겠죠? 선생님 아내의 아빠가 있겠죠? 그럼 선생님은 선생님 아내의 아빠를 어떻게 불러야 하죠? 조금 어렵나요? 장인어른이라고 부른답니다. 선생님이 왜 이런 이야기를 하느냐? 바로, 베게너의 장인어른이 기후학이라는 학문의 아버지라고 부를 수 있는 쾨펜이에요. 혹시 열대기후~아열대기후~아한대기후~한대기후~ 등을 들어 본 적 있나요? 지구는 위도별 또는 지역별 특성에 따라 기후 구분이 되어 있어요. 기후 구분을 한 과학자가 바로 쾨펜이에요. 그러니 당연히 베게너는 기후학에 관심을 가질 수밖에 없었고 대륙이동설을 주장할 때 증거 중 많은 것들이 기후와 관련된 것이에요. 이런 이야기도 새롭게 알게 되니 재미있지 않나요?

1) 대륙과 대륙이 육교로 이어져 있다?!

여러분 혹시 육교를 알고 있나요? 육교는 쉽게 이야기해서 다리라고 생각하면 돼요. 섬과 섬을 이어 주는 다리라고 생각해 보아요. 그런데 현재 대륙들은 서로 떨어져 있죠? 여러분, 한번 곰곰이 생각해 봐요. 지구는 자전하고 있죠? 당연히 받아들이고 있지만 지구가 자전하고 있다는 증거는 무엇이 있죠? 예전에는 지구가 자전하고 있다는 사실을 쉽게 받아들이기 어려웠을 거예요. 마찬가지로 대륙이 움직인다? 대륙이 움직이지 않는 것처럼 느껴지고 있는 우리에게는 대륙이 움직인다는 사실을 받아들이기는 어려운 사실 아닐까요? "옛날 과학자들은 멍청해!"라고 생각하는 친구들도 있겠죠? 아니에요. 당연히 그렇게 생각할 수밖에 없었답니다.

서로 아주 멀리 떨어진 두 대륙에서 똑같은 화석이 발견됩니다. 어떻게 이렇게나 멀리 떨어져 있는 대륙에서 똑같은 화석이 발견될까? 제일 쉽게 생각할 수 있는 것이 바로 '육교'겠죠? 그래서 다음 그림처럼 공룡들이 두 대륙을 열심히 다녔을 것이에요.

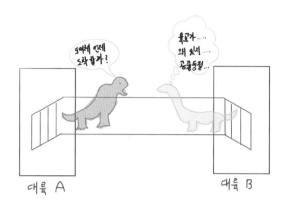

그런데 지금 대륙과 대륙을 잇는 육교는 지도에서 찾아볼 수 있나요? 지금은 전혀 볼 수 없어요. 왜 육교는 사라졌을까요? 지구 수축설이 정말 멋지게 대답을 해 준답니다.

"지구는 형성될 때 아주 높은 온도였습니다. 하지만 계속 열을 우주로 방출하면서 식고 있습니다. 식으면 당연히 지구는 수축할 것이에요. 지구가 수축하는 과정에 육교는 당연히 부서지게 될 것이고, 그 잔해는 지금 바다에 가라앉아서 육교는 현재 볼 수 없는 것입니다."

너무 너무 그럴듯한 이유 아닌가요? 선생님도 그 당시 사람이었다면 육교설을 지지했을 것 같아요. 쉽게 예를 들어 사과를 식탁 위에 올려 두고 시간이 지나면 사과는 껍질이 쭈글쭈글해지죠? 이렇게 수축하면서 육교가 부서진다는 것이에요. 많은 지질학자들이 육교설을 정설로 받아들이고 있던 순간에! 베게너가 등장합니다.

지질학자들이여. 육교설을 정말 믿습니까? 대륙은 고정되어 있는 것처럼 보이지만 이동합니다.

베게너는 1912년 1월 6일 젠켄베르그 박물관에서 열린 지질협회 학술 발표에서 과거에 생물들이 대륙과 대륙을 이동할 때 육교가 있었다는 육교설을 반박하고 대륙이동설을 이야기합니다. 아프리카 서부 해안선과 남아메리카 동부 해안선이 지도에서 볼 때 퍼즐조각처럼 맞아떨어진다는 것도 이야기를 한답니다.

그 당시 천문학과 기상학을 전공했던 베게너가 지질학자들 앞에서 대륙이 이동하고 있다는 주장을 펼친다면 지질학자들은 어떤 기분과 생각을 가지고 있었을까요?

"지질학을 제대로 배우지 못 한 사람이구나."
"확실한 증거가 없이 자신의 이론을 주장하는구나."
"대륙이동의 원동력도 설명을 못 하는구나."

이런 생각을 가지겠죠? 그래서 베게너의 '대륙이동설'을 완전 무시해 버려요.

무시당한 베게너는 더욱더 많은 증거들을 수집하기 위해서 여러 대륙으로 탐험을 떠난답니다. 지질학자들을 깜짝 놀라게 해 줄 증거들을 발표합니다. 그리고 대륙이 약 3억 년 전에 하나의 큰 대륙이었다가 서서히 대륙들이 움직이면서 현재와 같은 위치에 놓여져 있다고 이이기합니다. **바로 '판게아'죠.** 대륙이 붙어 있을 수밖에 없는 증거 중 가장 중요하게 다뤄지는 4가지만 이야기해 볼게요.

2) 더욱더 확실한 증거

① 지층이 너무 비슷한데?

서로 떨어져 있는 대륙의 지층의 유사성을 그림으로 살펴보아요. 만약 서로 떨어져 있었다면 현재의 기후와 지역 특성에 맞게 각기 다른 지층들이 쌓여서 완전히 다른 모습을 보여야 하는데 그렇지 않다는 거죠.

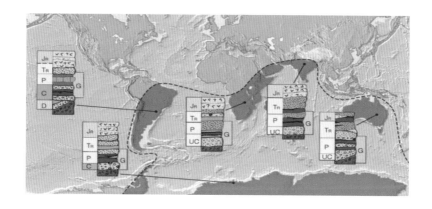

② 떨어져 있는 두 산맥이 왜 이렇게 똑같이 생겼어?

북아메리카대륙의 애팔래
치아 산맥과 스코틀랜드의
칼레도니아 산맥이 현재는
떨어져 있지만 암석의 나이,
산맥의 높이 등 서로 비슷한
부분이 많습니다. 두 대륙뿐
만 아니라 아프리카, 그린란
드, 노르웨이에서도 비슷한

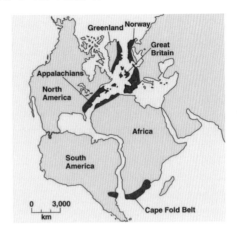

산맥이 있어요. 이 대륙들을 붙여 보면 신기하게도 산맥의 연속성을 볼
수 있어요.

③ 인도대륙에 빙하 퇴적층이 있다고?

여러분, 인도대륙에 빙하 퇴적층이 있
어요. 엄청 더운 인도에 무슨 빙하 퇴적
층이냐? 맞습니다. 현재는 빙하가 전혀
형성될 수 없는 위도에 위치하지만, 예전
에는 엄청 추운 곳에 있었다는 이야기겠
죠? 인도뿐만이 아니라 아프리카에도 빙
하 퇴적층이 나타나요. 그림을 보세요.
그리고 빙하의 이동 흔적을 보고 대륙의

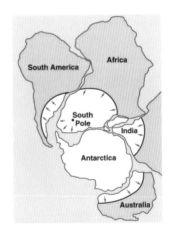

위치를 복원시키면 아래 그림처럼 한곳으로 모아진답니다.

④ 남극, 호주, 남아메리카 아프리카대륙에서 똑같은 동물화석뿐만 아니라 식물화석이 나타난다고?

이 부분은 처음에 조금 설명했기 때문에 그림으로만 보아요.

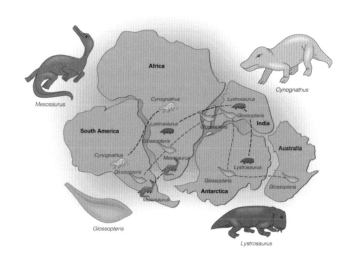

너무 증거들이 확실하지 않나요? 베게너의 증거들이 더 확실해지면 해질수록 지질학자들은 자신들의 학문인 지질학을 전공하지 않은 베게너를 더욱 힘들게 한답니다.

"대륙이 이동한다고. 좋소. 그럼 대륙이 이동하는 원동력이 무엇이요?"

3) 한숨 돌린 지질학자들과 또 좌절한 베게너

제목이 심상치 않은걸요? 한숨 돌린 지질학자? 좌절한 베게너? 이야기를 들어 보아요.

지금은 맨틀 대류와 해령에서 밀어 내는 힘, 해구에서 잡아당기는 힘 등으로 대류의 이동이 설명되지만 이 당시에는 대륙이 이동하는 원동력을 잘 몰랐어요. 하지만 우리의 '베게너'는 원동력을 설명했답니다.

하지만 이유가 잘못되었죠. 불쌍한 베게너.

대륙을 움직이는 원동력을 지구의 자전과 달의 조석력으로 설명했어요. 하지만 지구물리학자들이 계산한 결과 베게너가 이야기 한 힘은 큰 질량덩어리인 대륙을 움직일 수 없었어요.

베게너는 대륙이동설을 포기하지 않고 원동력을 찾기 위해 그린란드로 탐사를 떠난답니다. "내가 반드시 원동력을 찾고야 말겠어."

베게너는 원동력을 찾기 위하여 그리고 극지 기후를 관측할 목적으로 그린란드로 떠나요. 50번째 생일을 맞이한 날에 또 다른 캠프에 물량을 옮기던 도중 그만 얼음이 갈라진 틈, 크레바스에 빠져 죽게 됩니다. 결국 대륙이 움직이는 원동력을 찾지 못하였어요. 다음 사진은 베게너(왼쪽)가 죽기 전에 찍은 마지막 사진이랍니다.

대륙이동설은 그가 죽은 1930년부터 1950년대까지 무시당했지만 여러 가지 확실한 증거들 때문에 베게너의 대륙이동설이 다시 등장하게 됩

니다. 결국 그가 죽고 난 후 30년이 넘어서 지질학자들은 대륙이동설을 받아들였어요. 대륙이동설을 더욱 발전시켜 판 구조론까지 지대한 영향을 끼쳤습니다. 판 구조론에 대하여 자세하게 설명하지는 않겠지만 지구는 몇 개의 판(지각+딱딱한 상부맨틀)으로 마치 퍼즐조각처럼 되어 있고 이런 판들 중 맨틀에서도 비교적 물컹한 부분이 있는데(연약권), 이 위에 판이 비교적 쉽게 이동할 수 있다고 이야기합니다. 그리고 지진이 일어나는 장소와 화산 활동을 하는 장소가 판 구조론으로 아주 잘 설명이 되기 때문에 현재까지 판 구조론은 지질학에서 중요한 이론으로 여겨지고 있답니다.

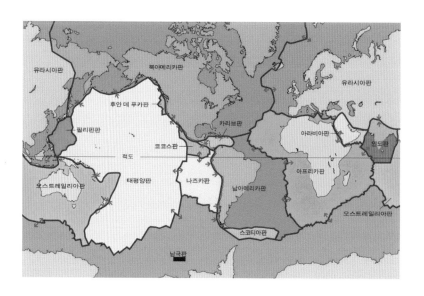

이번 시간에는 마음이 아프네요. 지질학자들이 열린 마음으로 대륙이동설을 더 빨리 받아들였다면 지질학은 지금보다 더 발전되지 않았을까요?

05

지구가 자전한다면서?!
그런데 왜 높이 던진 공은 다시 내가 잡을까?

　여러분, 지구가 자전한다는 것은 명백한 사실이죠? 지구가 공전한다는 것도 명백한 사실입니다. 그런데 옛날에는 지구가 자전과 공전을 한다는 사실은 받아들이기가 너무 힘들었을 것 같아요. 여러분도 당장 밖으로 나가 봐요! 지구가 자전하고 있다는 증거를 찾을 수 있나요? 그리고 지구가 자전한다면 높이 던진 공은 내 옆으로 떨어지지 않고 내가 다시 잡을 수 있을까요? 지구는 왜 또 자전을 하게 되었을까요? 궁금한 것이 한두 가지가 아니네요. 차근히 살펴보아요.

1) 지구는 왜 자전을 하게 되었을까?

지구의 자전을 이야기하기 전에 지구의 공전부터 이야기해 볼게요. 지구와 같은 행성의 형성은 별의 탄생과 함께 이야기를 할 수 있어요. 별은 성운(가스 구름)이 수축하여 만들어진답니다. 성운 내에서도 밀도가 높은 곳이 있고 밀도가 낮은 곳이 있겠죠? 밀도가 높은 곳으로 가스와 먼지들이 모여듭니다. 그런데 쉽게 모여들지는 않아요. 옆 동네에서 초신성과 같은 폭발적인 충격이 있어야 밀도가 높은 곳으로 점차 모이게 됩니다. 이러한 충격은 구름의 운동을 유발하고 구름이 서서히 회전을 하게 됩니다. 구름이 회전을 하면서 밀도가 높은 곳으로 서서히 수축하게 됩니다. 이렇게 별이 탄생하고 별 주변에 행성으로 자라나지 않고 아주 작은 미행성체들이 있는데 이런 미행성체들이 성운이 가지고 있던 운동 방향을 가지고 싶어 하겠죠?

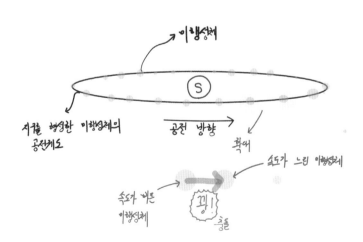

위 그림에서는 지구를 형성한 미행성체의 공전 궤도와 공전 궤도에 있는 미행성체들을 나타낸 것이에요. 미행성체들도 속도가 각각 다르겠죠? 속도가 빠른 미행성체가 속도가 느린 미행성체와 충돌하여 합쳐지면서 점점 지구 크기로 성장한답니다. 그런데 여러분 공전 방향(반시계 방향)으로 계속 꽝! 꽝! 부딪힌다면 미행성체도 '빙글빙글' 회전을 하게 되지 않을까요? 선생님이 그림으로 쉽게 표현해 보려고 해요.

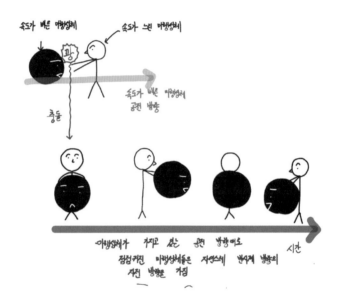

속도가 빠른 미행성체와 속도가 느린 미행성체가 부딪혔습니다. 누군가 여러분 '툭' 건드리고 지나갔다면 '툭' 건드린 방향대로 여러분은 빙그르르 자전하지 않을까요? 자, 그럼 그림에 집중해 볼게요. 시간이 흐르면서 두 미행성체가 움직이는 것을 살펴볼까요? 미행성체가 가지고 있는 공전 방향대로 점점커진 미행성체들은 자연스럽게 반시계 방향의 자전 방향을 가지게 됩니다. 이해되나요?

2) 지구가 자전한다면 왜 높이 던진 공은 내가 받을까?

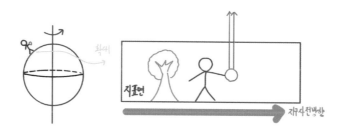

자, 지구 위에 선생님이 빨간 공을 가지고 있습니다. 이제 빨간 공을 위로 힘차게 던져 올려 보겠습니다. 다음 그림을 볼까요?

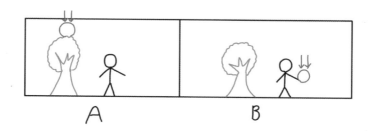

A와 B 중 어떤 그림이 지구에서 실제로 일어날까요?

A 그림에서 선생님과 나무는 지표에 붙어 있기 때문에 지구 자전 방향대로 회전하여 움직였기 때문에 위로 높이 던진 공은 선생님보다 서쪽에

있는 나무위에 떨어진 것입니다.

하지만 여러분 지금 손에 있는 물건을 높이 던져 보세요. 단, 아주 정확히 연직 방향(지구 중력 반대 방향)으로 던져야 합니다. 몇 초 뒤 물건이 내 손안에 있나요? 이상하지 않나요? 분명 A 그림처럼 되어야 하는데. 선생님과 나무는 분명히 자전하였다면 선생님이 던진 빨간 공도 자전 방향으로 움직였다는 뜻을 가지겠죠? 다음 그림을 볼까요?

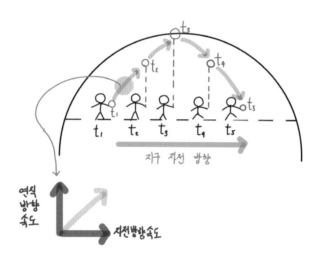

시각이 t_1~t_5일 때 선생님과 공의 위치를 나타낸 것이에요. 즉, 공을 던지는 순간 선생님과 공은 지구 자전 방향으로 어떤 속도를 가지고 있겠죠? **그래서 공은 연직 방향의 속도와 자전 방향의 속도를 동시에 가진답니다.** 따라서 우주에서 본다면 공은 위와 같은 경로를 그리면서 움직이는 것이 됩니다. 더 쉽게 설명을 하면 빨리 지나가는 기차에 선생님이 공을 가진 채로 타고 있어요. 위로 높이 올려 볼게요. 분명 선생님은 다시 공을 받겠죠? 여러분도 지하철이라고 생각해 보아요. 지하철 안에서 공을 위로 던져 보세요. 공이 뒤쪽 칸으로 가나요? 아니죠? 여러분이 다시 받죠? 즉, 여러분과 공은 같은 속도로 나아가고 있기 때문이에요. 그럼 교과서에 나오는 지구의 자전과 공전에 따른 현상을 살펴보아요.

3) 지구 자전에 따른 현상

정말 많은 현상들이 있어요. 그중 교과서나 참고서에 나오는 내용 중심으로 해 볼게요. 그리고 딱히 설명이 많이 필요 없는 부분은 그림만 보고 넘어갈게요.

① 낮과 밤

설명 안 해도 되겠죠?

② 태양 일주운동

아침이다~ 태양이 동쪽 하늘에서 떠오른다~

점심이다~ 태양이 남쪽하늘을 가로지르네~

노을이다~ 태양이 서쪽 하늘로 지는구나~

태양의 일주운동이라고 하는 것은 일주일 동안의 운동을 뜻 하는 것이 아닙니다. 여기서 '일=하루'를 의미한답니다. 즉, 태양이 하루 동안 움직이는 운동입니다. 물론 태양이 직접 움직이는 것이 아니라 지구 자전에 따른 상대적인 움직임이겠죠?

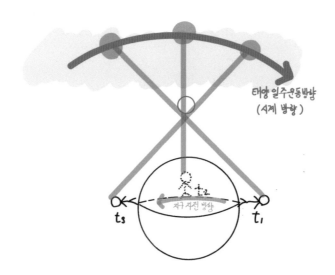

선생님이 t1에 있을 때 태양을 보세요. 푸른 하늘 왼쪽에 있는 것처럼 보이는군요. t2, t3에 있을 때 각각 태양이 다른 하늘에 있죠? 시간에 따라 태양의 움직임을 나타낸 것이 바로 **태양의 일주운동**입니다. 태양 일주운동 방향은 지구의 자전 방향과 반대인 시계 방향으로 나타난답니다. 지구 자전에 따른 겉보기 현상이기 때문에 당연 지구 자전과는 반대 방향의 경로를 그리겠죠? 여러분, 여기서는 설명하지 않겠지만 당연 별의 일주운동도 태양과 같이 생각해 주면 돼요. 다음으로 별의 일주운동을 살펴볼게요.

③ 별의 일주운동

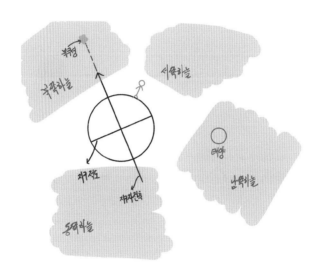

우선, 별의 일주운동을 이야기하기 전에 동쪽, 북쪽, 서쪽, 남쪽. 헷갈리지 않나요? 선생님도 정말 헷갈렸어요. 조금 쉽게 이야기하면 동, 서, 남, 북은 평면상에서 이야기할 수 있는 것이에요. 즉, 지평면을 기준으로 북극성이 있는 주변 하늘을 북쪽으로 정하고 180° 반대 방향의 하늘을 남쪽이라고 한답니다. 동쪽과 서쪽은 태양을 기준으로 정했어요. 태양이 뜨는 쪽을 동쪽, 태양이 지는 쪽을 서쪽이라고 정의합니다. 태양은 위치상 북극성과 반대 방향에 놓여 있는 별이기 때문에 정북쪽 하늘에서는 볼 수 없고 남쪽 하늘에서 볼 수 있어요. 정확히 이야기하면 동쪽, 남쪽, 서쪽 하늘에서는 볼 수 있지만 정북쪽 하늘에서는 볼 수 없답니다.

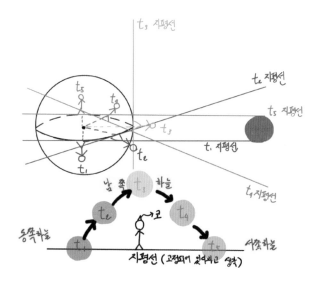

선생님이 복잡한 그림을 가지고 왔습니다. 선생님이 t_1에서 t_5까지 지구의 자전 때문에 이동하였고 선생님 위치에 따른 지평선을 그렸어요. 지구 자전 방향은 반시계 방향인 것 아시죠? 하나씩 설명해 볼게요.

선생님이 t_1일 때: 지평선 위로 태양이 막 떠오르려고 해요. 새벽에서 아침 사이가 되겠죠?

선생님이 t_2일 때: 지평선 위로 솟아 오른 태양이 점점 지평선 위로위로 쭉쭉 올라간 것처럼 보이군요?!

선생님이 t_3일 때: 지평선에 대하여 완전 수직 방향에 제일 높이 떠 있어요. 정오(낮 12시)네요. 그림자가 거의 없거나 아주 짧게 생기겠군요.

선생님이 t_4일 때: 어? 태양이 점점 땅과 가까이 내려간다.

선생님이 t_5일 때: 아 태양이 사라졌다. 이제 곧 저녁 먹어야지.

이게 무슨 일인가요? 태양은 분명 가만히 있었는데 지구의 자전 때문에 태양이 지평선 위로 떠올랐다가, 다시 내려갔다가 바쁘게 움직이고 있는 것처럼 묘사했죠?

그리고 시간에 따른 태양의 위치를 그려 보았어요. 난 전혀 움직이고 있지 않은 것처럼 느껴지니 지평선이 고정되어 있다고 생각을 하고 태양의 움직임을 그려 본 것이에요. 태양이 떠오르는 쪽을 동쪽이라고 했기 때문에 t_1일 때 태양이 있는 하늘을 동쪽 하늘, t_3일 때(정오, 낮 12시) 태양이 있는 하늘을 남쪽 하늘, t_5일 때 태양이 있는 하늘을 서쪽 하늘이라고 보면 되겠군요? 이해되시나요? 아! 그림에서 '코'는 남쪽 하늘을 바라보고 있다는 뜻으로 받아들이면 돼요.

선생님, 분명히 별의 일주운동인데 왜 태양의 일주운동을 공부하나요? 앗! 여러분, 태양도 하나의 '별'이기 때문에 태양의 일주운동이나 별의 일주운동이나 똑같아요. 다음 그림을 볼까요?

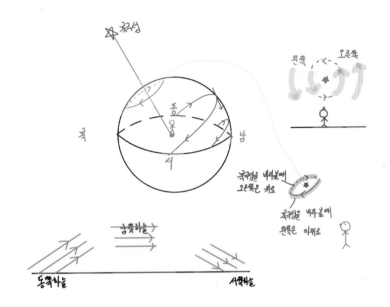

　태양 역시 북극성을 중심으로 동쪽~남쪽~서쪽 하늘을 움직이며 아름다운 경로를 만들었죠? 동쪽 하늘에서는 지평선 위로 솟아오르는 경로가 새겨지고 남쪽 하늘은 지평선과 같은 방향으로 움직이는 경로가 새겨지며 서쪽 하늘은 지평선 아래로 내려가는 경로가 새겨집니다. 그럼, 북극성 근처에 있는 북쪽 하늘의 별은 어떤 경로가 새겨질까요? 북극성은 지구 자전축 방향에 놓여 있는 별이기 때문에 북극성은 움직이지 않고 상대적으로 다른 별들이 움직이면서 생기는 경로는 위 그림의 오른쪽 아래와 같이 별의 일주가 그려질 것이에요. 북극성을 바라볼 때 왼쪽 하늘에서는 지평선 아래쪽으로 내려오는 것처럼 보이고 북극성을 바라볼 때 오른쪽 하늘에서는 지평선 위쪽으로 올라가는 것처럼 보이겠죠?

　더 확대해서 보면 다음 그림처럼 보이겠죠? 이 부분은 진짜 시험에 많이 나와요. 북쪽 하늘을 바라볼 때는 별의 일주운동 방향이 반시계 방향이거든요. 헷갈리면 안 돼요! 남쪽 하늘을 바라볼 때는 당연히 북쪽 하늘과 반대이기 때문에 시계 방향이겠죠?

이 현상들 외에도 인공위성 궤도 서편현상이 있습니다. 지구가 자전하기 때문에 마치 인공위성이 서쪽으로 간 것처럼 느껴지는 것이죠. 이 부분은 어렵지 않기 때문에 그냥 넘어갈게요.

4) 지구 공전에 따른 현상

① 태양 연주운동과 계절별 별자리

태양 연주운동이라는 것은 지구가 1년 동안 태양을 한 바퀴 공전하지만 마치 태양이 1년 동안 움직인 것처럼 보이는 겉보기 운동입니다.

태양은 계절마다 같이 어울려 지내는 친구들이 달라요. "선생님, 갑자기 무슨 이상한 이야기인가요?" 진짜예요. 태양은 친구들이 많아서 계절마다 같이 어울려 지내는 별자리 친구들이 달라요. 아주 쉽게 설명해 볼게요.

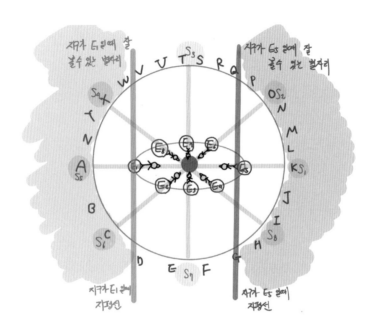

그림이 많이 복잡해 보이나요? 선생님과 같이 천천히 살펴보아요. 지구가 E_1~E_8에 있으면서 태양이 내 머리 바로 위! 즉, 정오일 때를 그린 것이에요. 알파벳은 무엇인가요? A부터 Z까지 있죠? 이것이 의미하는 것은 하늘에 떠 있는 별자리들을 나타낸 것입니다. 황소자리, 마차부자리, 오리온자리 등등을 나타낸 것입니다. 자~ 이제 시작해 볼까요? 우리는 멀리 떨어져 있는 별과 가까이 있는 별. 사실 원근감이 없기 때문에 1년 동안 태양이 별자리 A부터 Z까지 열심히 여행 다니는 것처럼 보이겠죠?

지구가 E_1에 있을 때 머리 위에 있는 태양을 바라봅니다. 어떤 별자리와 같이 보일까요? 물론 별자리는 낮에는 보이지는 않겠죠? 별자리 K와 태양이 함께 있는 것처럼 보이죠? 그런데 여기서 중요한 것! 지구가 E_1에 있을 때 별자리 K는 태양과 친한 친구이기 때문에 태양 옆에 있을 것이고 태양은 너무 밝기 때문에 별자리 K는 보이지 않을 것이에요. 그럼 지구가 E_1에 있을 때 밤하늘에 잘 볼 수 있는 별자리는 무엇일까요? 그림을 보고 답해 보아요. 선생님이 힌트를 그려 뒀어요. 지구가 E_1에 있을 때 지평선을 그려 두었죠? 지구가 자전하여 12시간 뒤에는 선생님 발 아래 태양이 있을 거예요. 즉, 이 시간이 자정(밤 12시)을 의미하죠. 자정에 깜깜한 밤하늘에 별이 반짝반짝 잘 보이겠죠? 그럼 한번 밤이 되었다고 생각하고 볼까요? 별자리 X, Y, Z, A, B, C 등을 잘 볼 수 있지 않을까요?

우리는 중요한 것을 했어요. 태양이 1년 동안 별자리 사이사이를 움직이면서 겉보기 운동이 나타나는 태양의 연주 운동을 이해하였고 지구가 공전하면서 위치를 달리 하기 때문에 그때 볼 수 있는 별자리가 다르다는 것을 이해하였습니다. 조금 어려운 내용이죠? 하지만! 여러분 이 부분을 이해했다면 어떤 공부도 잘할 수 있어요! 이제 마지막 한 가지가 남았습니다.

② 계절 변화

계절 변화는 사실 지구 공전에 따른 현상이기보다는 **지구가 기울어진 채 공전하기 때문에** 일어나는 현상입니다. 사실 공전보다는 지구가 기울어진 것이 더 중요한 부분일 수도 있습니다.

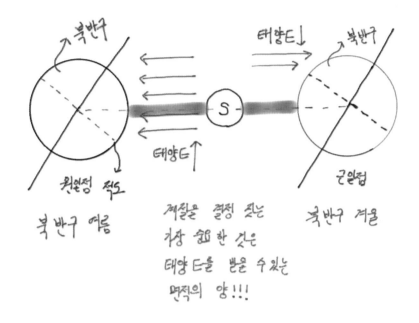

계절을 결정짓는 가장 중요한 것은 태양 복사 에너지를 받을 수 있는 면적의 양입니다. 위 그림을 봅시다. 태양과 가까울 때, 멀 때가 있습니다. 다행히도 현재는 거리가 멀 때는 여름, 가까 울 때는 겨울입니다. 예? 태양과 거리가 멀 때가 여름? 가까울 때가 겨울? 이상하게 생각하는 친구들이 있겠죠? 앞에서 이야기했듯이 계절을 결정짓는 요소 중 가장 큰 영향을 미치는 것이 태양 복사 에너지를 받을 수 있는 면적의 양입니다. 물론 태양 복사 에너지가 지표에 입사하는 각도도 중요하겠지만 생략하고 설명할게요. 그림을 살펴봅시다. 왼쪽과 오른쪽 북반구 중 입사하는 태양 복사 에너지를 받을 수 있는 면적이 넓은 곳이 어디인가요? Good! 바로 왼쪽 지구죠? 따라서 왼쪽 지구가 북반구 여름, 오른쪽 지구가 북반구 겨울입니다.

자, 이렇게 길고도 긴 지구 자전과 공전에 따른 현상을 공부하였습니다. 머리가 조금 아픈가요?! 그럼 오늘은 여기까지만 할게요. 푹 쉬고 내일 보아요.

06

달의 모양은
직선 두 개로 결정된다?!

　여러분, 여기서 많이 포기하지 않았나요? 지구, 태양, 달의 상대적인 위치를 그려 두고 많이 물어보죠? 달의 모양, 관측 시간, 관측되는 하늘 등등 하지만 이 모든 것을 **직선 두 개로 해결할 수 있습니다.** "에이~ 거짓말!"이라고 생각하는 친구들이 있죠? 아니에요. 진짜 선생님과 같이 그려보는 시간을 가져 보도록 합시다.

1) 달 모양에 따른 이름

우선, 우리가 달 모양에 따른 이름을 알아야겠죠? 진짜 달력을 보여 드릴게요. 아래 표에 있는 숫자는 양력을 의미해요.

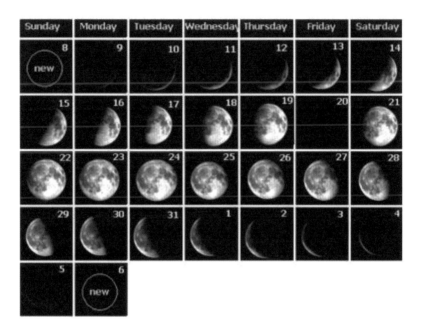

달 모양	명칭	지구, 태양, 달 상대적 위치 관계
8 new	삭 (new moon)	태양　달 지구
11	초승달 (waxing crescent moon)	태양　지구 　　달
15	상현달 (first quarter moon)	태양　지구 　　달
23	보름달 (full moon)	태양　지구　달
30	하현달 (last quarter moon)	달 태양　지구
3	그믐달 (waning crescent moon)	달 태양　지구

2) 달 표면 면적에 따른 달의 명칭

달 표면 면적에 따른 달의 명칭을 살펴보겠습니다. 지구에서 달은 뒷면을 볼 수 있을까요? 없죠?! 그럼 보름달은 달 전체를 보는 것이 아니라 달 표면의 1/2을 보는 거겠죠?

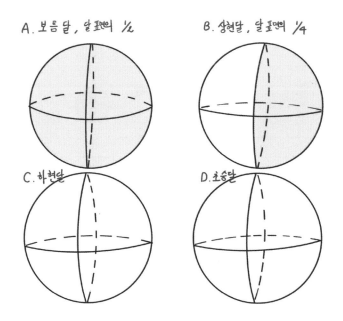

그럼, 상현달·하현달은 달 표면의 1/4, 초승달·그믐달은 달 표면의 1/4 미만입니다. 그럼 C와 D에 하현달과 초승달을 그려 볼래요? 자 이제 신기한 달의 작도를 해 볼까요?

3) 태양과 지구의 상대적 위치에 따라 달이 반짝이는 부분이 달라진다?

태양은 지구와 달에 비하여 아주 크죠? 그리고 아주 멀리 떨어져 있기 때문에 태양 빛은 평행하게 지구와 달에 들어온답니다. 그래서 태양과 지구가 그림과 같이 있을 때 달이 어디에 있든지 태양을 바라보는 쪽이 반짝반짝 빛나고 있어요. 아참! **달은 스스로 빛을 내지 못 하기 때문에 태양 빛이 달에 반사되어 우리 눈에 보이는 것이에요.**

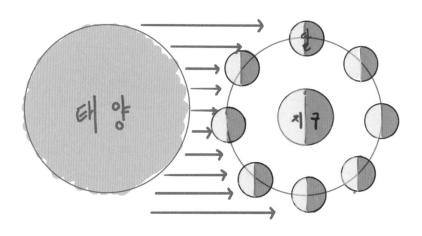

달의 노란색 부분은 달의 낮, 검은색 부분은 달의 밤이 되겠죠?

4) 반짝반짝 빛나는 달의 모든 부분을 볼 수 없다?!

무슨 말일까요? 우선 항상 달은 어디에 있던 태양에 의해 표면의 1/2은 항상 빛나고 있어요. 그럼 항상 보름달로 보여야 하는 것이 아닐까요? 그런데 달은 모양이 계속 변하죠? 즉, 밝게 빛나고 있는 표면을 전부 다 못 보는 것이에요. 그림을 보세요.

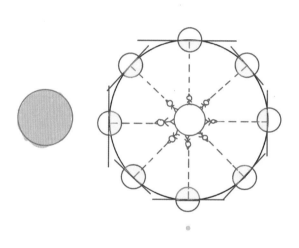

달의 위치에 따라 지구에서 볼 수 있는 달의 부분을 하늘색으로 표시했어요. **지구에서는 달의 앞면만 볼 수 있죠?** 달의 뒷면은 볼 수 없잖아요.

5) 겹쳐 보자! 겹쳐 보자!

태양에 의해 달이 반짝반짝 빛나는 부분과 지구에서 볼 수 있는 달의 영역을 겹쳐 보아요.

그럼 겹치는 영역이 전혀 없는 달의 위치도 있고 1/2이 겹쳐지는 달의 위치도 있어요.

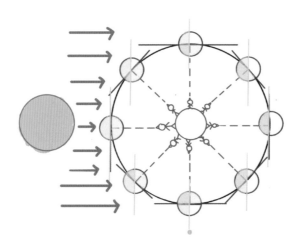

선생님이 조금 더 자세히 그려 볼게요.

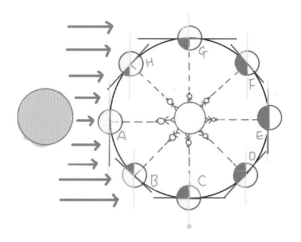

선생님이 임의로 A부터 H까지 표시했어요. 자, 그럼 각각 자세하게 설명해 볼게요.

6) 1/4? 1/2? 달 표면 영역과 명칭

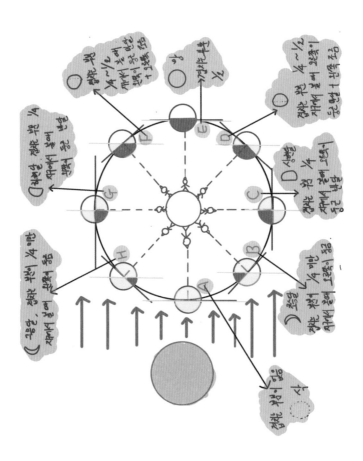

달의 위치	달의 표면 영역과 특징	명칭
A	겹치는 부분이 없음	삭
B	겹치는 부분이 1/4 미만이고 지구에서 볼 때 오른쪽이 조금 둥긂	초승달
C	겹치는 부분 1/4 지구에서 볼 때 오른쪽이 둥근 반달	상현달
D	겹치는 부분 1/4~1/2 지구에서 볼 때 오른쪽이 둥근 반달+왼쪽 조금 둥긂	
E	겹치는 부분 1/2	망
F	겹치는 부분 1/4~1/2 지구에서 볼 때 왼쪽이 둥근 반달+오른쪽 조금 둥긂	
G	겹치는 부분 1/4 지구에서 볼 때 왼쪽이 둥근 반달	하현달
H	겹치는 부분이 1/4 미만이고 지구에서 볼 때 왼쪽이 조금 둥긂	그믐달

7) 달은 언제 볼 수 있을까? 그리고 어느 쪽 하늘에서 볼 수 있을까?

태양, 지구, 달의 상대적인 위치 관계를 그려 두고 달이 관측 가능한 시각과 관측할 수 있는 하늘 등등 많이 물어 볼 수 있어요. 복잡한 것 같지만 하나도 복잡하지 않아요. 우선 조금 복잡해 보이는 그림을 살펴보아요.

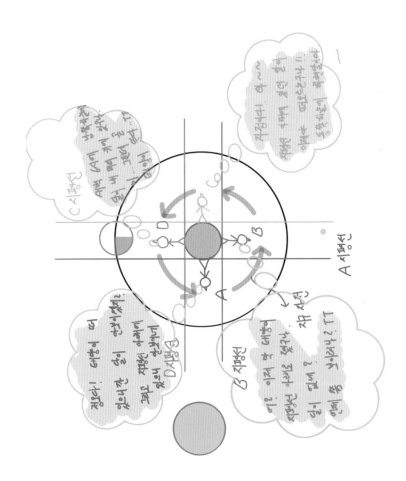

언제 어느 하늘에서 관측할 수 있는 것일까요? 선생님처럼 해 보아요.

그 전에 알아 둬야 할 점은 태양은 북극성이 근처가 아니라 반대인 남쪽 하늘에서 볼 수 있다고 했죠? 달도 마찬가지예요. 그리고 여기서 쉽게 생각하기 위해서 춘분, 추분 이라고 해요. 낮과 밤이 각각 12시간이에요.

① 지구에 A 위치에 사람을 그립니다. 그리고 지평선을 그려 보세요. 태양은 내 머리 위에 떠 있죠? 낮 12예요. 그런데 달은 지평선 아래에 있네요? 당연히 관측이 안 되겠죠?

② 자, 이제 여기서 중요합니다. 지구가 자전하기 때문에 반시계 방향으로 사람을 돌려봅시다. 사람만 돌리면 안 돼요! 지평선도 같이 돌려야죠!

③ A 위치에 있었던 사람이 B 위치로 이동하였습니다. 이동하는 동안 태양은 지평선과 어땠나요? 점점 가까워졌죠? 즉, 서쪽 하늘로 점점 가라 앉고 있어요. 달이 보이나요? 안 보이죠? 발 아래에 있네요? 볼 수가 없겠어요.

④ 점점 사람과 지평선을 돌려 봅시다. C 위치에 있습니다. 태양이 발 아래에 있기 때문에 이때는 자정(밤 12시)입니다. 지평선을 아주 조금만 반시계 방향으로 돌려 볼까요? 어때요? 이제 드디어 달이 지평선 위로 서서히 모습을 드러내죠? 자정이 다 되어서야 달을 처음 볼 수 있습니다. 태양과 같이 달도 뜨는 쪽이 동쪽이고 지는 쪽이 서쪽이에요. 즉, 자정에 동쪽 하늘에서 달을 관측할 수 있어요.

⑤ 다시 D로 왔어요. C에서 D로 가는 동안 계속 달을 관측할 수 있겠죠? 하지만 D에서는 마지막으로 내 머리 위에 달을 볼 수 있겠죠? 남쪽 하늘에서 볼 수 있습니다. 희미하게요. 왜냐하면 곧 태양이 뜨기 때문이죠. D에서 다시 살짝만 지평선을 돌려 볼까요? 지평선 위로 서서히 태양이 떠오르나요? 동쪽하늘에서 태양이 뜨면서 지평선 위에 있는 달은 떠 있지만 볼 수 없어요. 태양이 너무 밝기 때문이에요.

8) 최종 정리, 달의 작도

마지막으로 배웠던 내용을 정리해 보아요.

태양, 지구, 달의 상대적인 위치 관계는 그림과 같아요.

무엇을 가장 먼저 해야 할까요? 빙고! 태양 빛을 받아 달이 반짝반짝 빛나는 영역을 먼저 색칠합니다.

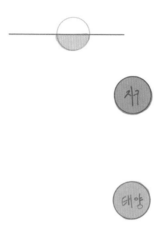

그리고 지구에서 볼 수 있는 영역을 색칠합니다.

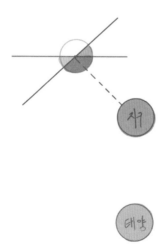

여기서 작도할 때 달의 중심과 지구의 중심을 이은 점선을 그리고 점선에 수직하면서 달의 중심을 지나는 파란색 선을 그려 줘요. 지구와 가까운 쪽이 지구에서 볼 수 있는 달의 앞면입니다.

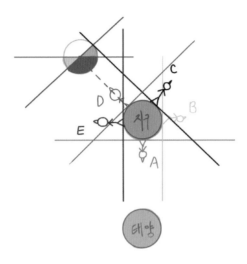

앞에서 이야기했던 것처럼 A 위치에 사람과 지평선을 그립니다. B, C, D, E 차례로 돌려가며 관측되는 하늘과 관측시각을 구하면 됩니다. 만약 태양-지구-달이 135°일 때라고 해 보아요.

달의 위치	관측 결과
A	낮 12시. 태양이 정남쪽에 떠 있음. 달은 관측되지 않음.
B	태양이 방금 서쪽하늘로 졌음. 오후 6시, 태양이 사라졌지만 달은 아직 지평선 아래에 있기 때문에 관측되지 않음.
C	태양-지구-달이 135°이기 때문에 B에서 C로 회전한 각도는 45°. 지구는 24시간 동안 360° 자전하기 때문에 1시간에 15° 자전. 따라서 오후 9시에 지평선 위로 달이 떠오르기 때문에 동쪽 하늘에서 관측 가능함.
D	C에서 D까지는 90° 자전하였기 때문에 새벽 3시에 정남쪽 하늘에서 관측 가능함.
E	새벽 6시에 남서쪽하늘에 달이 떠 있지만 곧 태양이 동쪽하늘에서 떠오르기 때문에 희미하게 보이거나 보이지 않음.
?	달이 지평선 아래로 져 버리는 시각은 언제일까요? 위치를 여러분이 그려 보세요.

07

일식과 월식에 대하여
어디까지 알고 있니?

　일식, 월식이란 말을 많이 들어 보았죠? 일식, 월식을 공부하기 전에 용어 정리를 확실하게 하고 넘어가야 해요! 지금은 머릿속에 입력이 잘 되지 않겠지만 계속하다 보면 돼요! 여러분 사실 월식을 통하여 아주 오래 전에 지구가 둥글다는 것을 알았다고 해요. 왜냐하면 월식은 지구의 그림자에 의해 달이 가려지는 현상이기 때문이죠. 달이 가려질 때 둥근 부분이 생기거든요. 자, 이제 아주 재미있는 일식과 월식에 대하여 공부해 보기로 해요.

용어	정의
개기일식 (Toal Solar Eclipse)	달의 각크기가 태양의 각크기보다 크거나 같을 때, 달이 태양을 완전히 가리는 경우 각크기: 지구관측자가 측정한 천구상에서 천체의 겉보기 크기

금환 일식 (Annular Solar Eclipse)	달의 각크기가 태양의 각크기보다 작아 태양을 완전히 가리지 못했을 때, 달이 태양의 내부에 완전히 들어간 경우
부분일식 (Partial Solar Eclipse)	달이 태양의 일부분만을 가리는 경우
본그림자	광원이 장애물에 완전히 가로막혀 생기는 제일 어두운 그림자
반그림자	광원의 일부만 가로막혀 생기는 옅은 그림자
개기월식 (Total Lunnar Eclipse)	달이 지구의 본 그림자 속에 들어갈 때 관측되는 경우
부분월식 (Parial Lunnar Eclipse)	달이 지구의 본 그림자와 반그림자에 걸쳐 위치할 때 관측되는 경우

1) 월식을 공부하기 전 알아 둬야 할 태양 빛의 경로

월식을 공부하기 전 알아 둬야 할 태양 빛의 경로에 대하여 먼저 이해해야 합니다. 이상한 그림이 하나가 있네요?

전구 하나가 불이 켜진 채 놓여 있네요? 그리고 그 주변에 9명의 사람들이 있어요. 몇 명의 사람이 켜진 전구를 볼 수 있을 까요? 당연히 9명 모두 켜진 전구를 볼 수 있죠? "선생님, 왜 갑자기 전구 이야기예요?"라고 질문하는 친구들이 있겠네요. 전구가 어떤 관련이 있을까요?

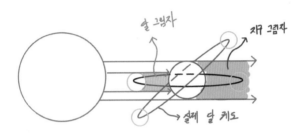

위 그림을 볼까요? 태양 빛을 지구가 막으면 지구 그림자가 생기고, 달이 막으면 달 그림자가 생기겠죠?

많은 친구들이 가지고 있는 궁금한 것 중 하나가 한 달에 한 번씩 일식과 월식이 일어나지 않는 이유인데, 만약 지구의 공전 궤도와 달의 공전 궤도가 같은 평면에 있다면 한 달에 한 번씩 일식과 월식이 일어나지만 실제 달의 궤도는 지구의 공전 궤도와 같은 평면에 있지 않아요. 약 5° 정도 차이가 있어요. 그래서 한 달에 한 번씩 일어나지 않는답니다.

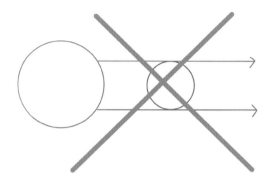

어? 선생님 왜 열심히 그린 그림에 X를 했나요? 보통 태양 빛이 지구로 들어올 때는 태양은 아주 크고 지구로부터 멀리 있기 때문에 평행하게 들어오는 것으로 그려도 돼요.

하지만 지금은 달의 그림자와 지구의 그림자에 의해 나타나는 현상을 다루기 때문에 아주 세심하게 빛의 경로를 그려 줘야 한답니다. 왜냐면 태양에 비하여 달과 지구는 정말정말정말 작아요. 그렇기 때문에 아주 미세한 빛의 경로 차이가 큰 영향을 끼칠 수 있어요. 그림을 볼까요?

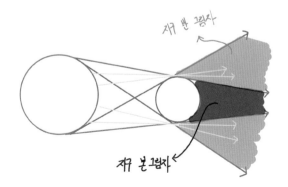

그림자는 평행하게 들어오는 빛만 고려하면 정확하지 않아요.

그래서 지구로 들어올 수 있는 태양 빛 중 태양의 가장 아래쪽과 위쪽에서 출발한 빛을 먼저 선택해 줘요. 그리고 선택한 빛이 지구에 도달하는 곳 중 지구의 가장 아래쪽과 위쪽을 스치듯 접선을 그어 준답니다. 지구에 각각 접선을 그려야 정확한 그림자를 얻을 수 있어요. 선생님이 전구를 그렸었죠? 아래쪽과 위쪽에 각 전구가 있다고 생각해 보아요. 그럼 지구에 들어오는 태양 빛 중 경로가 가장 짧은 붉은색 경로부터 가장 긴 보라색 경로까지 그리면 되겠죠? 아주 새까맣게 색칠한 부분은 어떠한 태양 빛도 절대 들어올 수 없는 영역입니다. 이 부분이 지구에 의해 생긴 지구 본 그림자입니다. 그런데 회색으로 색칠한 부분은 어떤가요? 어떤 태양 빛은 들어오지 못 하고 노란색으로 그린 태양 빛은 들어오죠? 이러한 그림자를 지구 반그림자라고 합니다.

2) 배고프죠? 달을 먹으러 가요

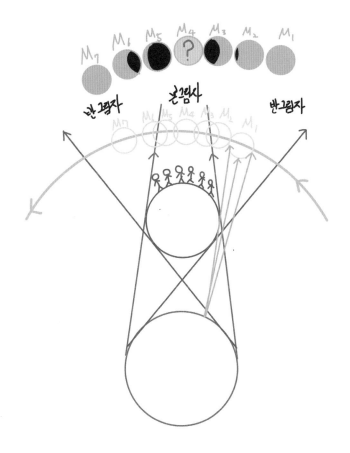

선생님이 여러분들이 월식을 더 쉽게 이해할 수 있도록 노력했어요.

달이 M_1에서 M_7까지 공전하고 있죠? 그런데 여기서 달은 하루 동안 공전하는 것이에요. 이해하기 쉽도록 하기 위해서 달의 공전을 과장되게 그렸어요. 월식은 태양-지구-달이 같은 평면에 있어야 가능하지만 하루가 지나게 되면 태양-지구-달이 같은 평면에 있지 않아요. 달의 공전 궤도면과 지구의 공전 궤도면이 차이가 나기 때문이에요. 그리고 밤이 되는 모든 지역에서 월식을 관측할 수 있겠죠? 지구에 많은 사람들을 그려 뒀잖아요. 선생님이 달의 위치에 따라 달을 관측한 내용을 정리했어요.

달의 위치	관측 결과
M_1	달이 지구 반그림자에 도달했어요. 대부분의 태양 빛이 달에 도달하지 않지만 노란색 빛은 들어왔죠? 비교적 적은 양이지만 달 모든 부분에 도달하죠? 그리고 태양-지구-달 위치 근처이기 때문에 보름달 모양으로 달이 관측될 것이에요.
M_2	달이 지구 본 그림자에 드디어 진입했어요. 지구 본 그림자에는 어떠한 태양 빛도 도달하지 않기 때문에 달의 왼쪽 부분이 지구 그림자에 가려져 보이지 않겠죠? 지구가 둥글기 때문에 위 M_2 그림처럼 보이겠죠?
M_3	달이 지구 본 그림자에 꽤 많이 진입했어요. 달의 왼쪽 부분이 많이 가려지겠죠?
M_4	지구 본 그림자 속으로 쏙~ 들어왔어요. 달이 하나도 안 보여야 하지만 그림을 보니 살짝 붉게 표시가 되어 있네요? 그리고 물음표가 있네요? 아 분명 빛이 도달하지 않는다고 했는데 무슨 일이죠? 이 부분은 조금 후에 설명할 게요.
M_5	지구 본 그림자에서 서서히 빠져나가고 있어요. 달의 왼쪽 부분부터 서서히 보이기 시작하겠죠?
M_6	지구 본 그림자에서 꽤 많이 빠져나왔어요.
M_7	지구 본 그림자에서 달의 모든 부분이 빠져나왔네요. 그럼 M_1처럼 다시 보름달 모양으로 보이겠죠?

자, 표처럼 정리해 두니 깔끔하죠?

여기까지만 공부해도 정말 잘했어요. 그런데 선생님이 궁금한 것이 있어요. 여러분이 해결해 주세요!

3) 하늘에서 달은 동에서 뜨고 서로 지는 시계 방향으로 이동하는데 달의 공전 방향은 반시계 방향이잖아?

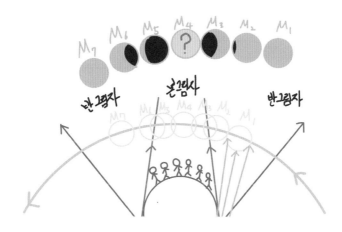

위 그림에서 M_1부터 M_7까지 이동 경로를 보세요. 서쪽 하늘에서 동쪽 하늘로 반시계 방향으로 이동한다?! 아이구 머리야. 우리가 알고 있는 하늘에서 보이는 달의 운동 방향이 아니에요. 해결해 주세요! 선생님이 아주 멋지게 해결해 볼게요.

지구에 선생님을 그렸어요. 개기 월식을 보려고 밤새 기다리고 있죠. 약 6시간 동안 지구가 자전하였다고 해 볼게요. 지구는 1시간 동안 $15°$ 자전하기 때문에 6시간이면 $90°$ 자전했겠죠? 그럼 달은 몇 도 움직였을까요? 달은 24시간 동안 약 $13°$ 공전해요. 그럼 6시간이면 약 $3.25°$ 공전하겠죠? 엄청 조금 움직이네요? 그림으로 나타내었어요. 선생님이 E_1에서 E_5까지 자전하는 동안 달은 M_1에서 M_5까지 공전했습니다. E_1에서 달 M_1을 볼 때 동쪽 하늘에서 보이죠? E_5에서 달 M_5를 볼 때 서쪽 하늘에서 보이죠? 우리가 알고 있는 하루 동안 달의 진행 방향(시계 방향)이 맞나요? 깔끔하게 해결했죠?

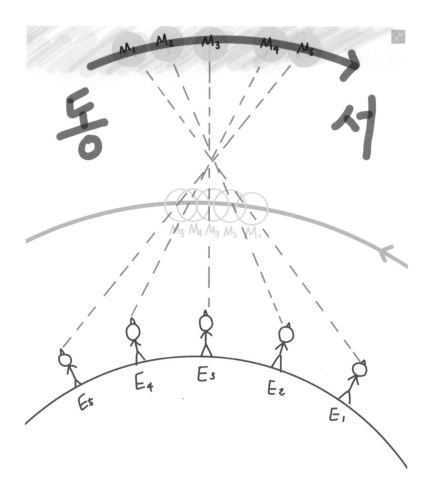

4) 지구 본 그림자에 분명 달이 쏙! 그런데 붉게 보인다고?

지구 본 그림자에 어떠한 태양 빛도 들어올 수 없다고 했죠? 그런데 달이 붉게 보인다? 달은 태양 빛을 반사하고 반사한 빛이 지구로 들어오기 때문에 달이 밝게 보이는 것인데, 우선 이 내용을 완벽하게 이해하기 위해서는 다음 그림을 볼게요.

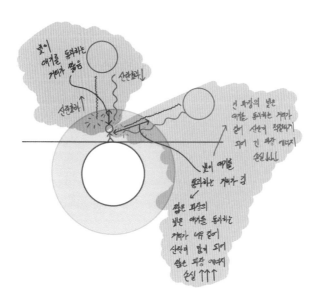

여러분, 낮에는 하늘 색깔이 푸르죠? 그런데 해가 지평선으로 질 때쯤은 붉은 노을이 보입니다. 왜 하늘 색깔이 다르게 보일까요? 분명 같은 태양인데! 자, 차근히 설명해 볼게요. 정오의 태양 빛은 지구로 들어올 때 대기를 통과하는 경로가 짧죠? 해가 질 때쯤은 대기를 통과하는 경로가 길죠? 여기에 답이 있습니다.

정오: 태양 빛에도 파란색 짧은 파장과 붉은색 긴 파장이 있습니다. 짧은 파장일수록 산란효과가 더 커요. 산란된 빛이 에너지를 잃지 않고 우리들 눈으로 들어오면 그 빛을 인식해요. 그럼 짧은 파장일수록 산란효과가 크기 때문에 우리들 눈에는 파란색 빛이 많이 들어오겠죠?

해가 질 때쯤: 여기서 중요한 것은 태양 빛이 대기를 통과하는 경로가 길다는 것이에요. 파란색 짧은 파장 빛은 산란을 잘한다고 했죠? 그런데 빛의 경로가 길다 보니 계속된 산란으로 결국 에너지를 잃게 되면서 우리 눈에 들어오는 빛의 양이 적어져요. 그런데 비교적 산란효과가 적은 붉은색 긴 파장은 비교적 에너지가 덜 손실되어 우리들 눈으로 들어오는 것이에요.

이해되었나요?

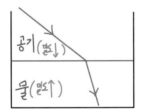
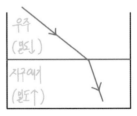

공기에서 물로 빛이 입사하면 꺾이는 것 알고 있죠? 빛이 이동하는 매질의 밀도 차이 때문에 생기는 현상이에요. **스넬의 법칙**이라고도 한답니다. 그럼 우주에서 지구로 입사할 때도 빛이 꺾이지 않을까요? 우주는 밀도가 아주 낮고 우주에 비해 지구 대기 밀도는 높으니까요! 그럼 다음 그림이 이해가 되나요?

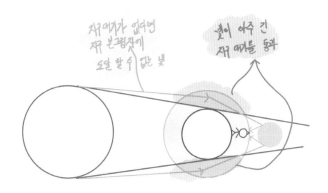

초록색 빛 보이죠? 원래는 지구 본 그림자에 들어올 수 없는 빛이지만 지구 대기에 의해 꺾이면서 본그림자로 들어오는 빛이에요. 하지만 빛의 양은 많지는 않겠죠? 그리고 빛이 대기를 통과하는 경로의 길이가 아주 길죠? 그럼 당연히 푸른색 빛보다 붉은색 빛이 우리 눈에 도달하겠죠? 그럼! 당연히 개기 월식 때 밝지는 않지만 붉은색 달을 볼 수 있는 것이에요!

5) 한식? 중식? 아니! 일식

우선 그림자가 중요하니, 달에 의해 생기는 그림자를 살펴보아요.

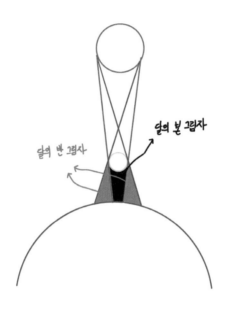

이제 자세한 설명은 필요 없죠? 월식을 배우면서 본 그림자와 반그림자에 대하여 많이 배웠으니까요.

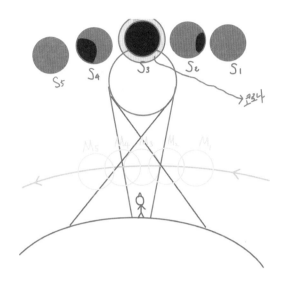

자, 달의 본 그림자에 있는 사람이 일식을 관찰하기 위해 서 있군요. 달이 M₁부터 M₅까지 이동해요. 일식도 마찬가지! 하루 동안 일어나는 현상이기 때문에 달의 공전을 조금 과장되게 그렸어요. 달의 위치에 따른 태양 관측 내용을 표로 정리해 보게요.

달의 위치	관측 결과
M₁	온전한 예쁜 둥근 태양을 볼 수 있음
M₂	달이 태양의 오른쪽을 가리기 시작함
M₃	달이 태양을 완전하게 가리면서 태양표면(광구)은 볼 수 없으나 태양대기(코로나)는 관측 가능. 일식이 일어나지 않을 때는 너무 밝은 광구 때문에 코로나를 관측 할 수 없었지만 광구가 가려지면서 상대적으로 밝지 않은 코로나가 보이게 됨
M₄	M₃에서 점차 달이 공전하면서 태양의 오른쪽 부분부터 보이기 시작함
M₅	온전한 예쁜 둥근 태양을 볼 수 있음

자, 이번에는 사람이 달의 반그림자에 있는 경우에요. 개기 일식이 관측 가능할까요? 간단하게 M₃만 볼까요? 어때요? 달이 M₃에 있어도 태양의 오른쪽 부분에서는 빛이 들어오고 있죠? 그러니 오른쪽 부분이 보이겠죠? 즉, **달의 반그림자 영역에 있는 사람들은 개기 일식은 관측할 수 없고 부분 일식만 관측 가능하답니다.**

그리고 달은 엄청 작죠? 그림자도 당연히 작겠죠? 그리고 지구의 자전 속도는 빠르죠? 그래서 개기일식은 아주 짧은 시간에 끝나요. 지속 시간이 대략 약 10분 정도밖에 안돼요.

6) 세상에서 가장 큰 금 반지? 금환 일식

여러분, 세상에서 가장 큰 금반지는 어디에 있을까요? 바로! 태양에 있어요. "예? 선생님! 무슨 소리에요?"

자, 사진을 보세요.

너무 예쁘지 않나요? 그런데 분명히 일식 같은데. 그죠? 달이 태양 빛을 모두 막아 주지 못하네요? 태양의 가장자리 부분의 빛은 지구로 들어오고 있다는 뜻이죠? 어떻게 들어올까요? 그림으로 설명할게요.

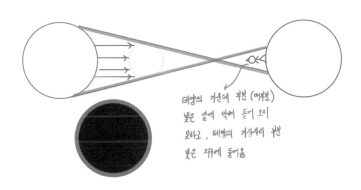

태양의 가운데 부분 (예보)
빛은 달에 막혀 들어 오지
못하고, 태양의 가장자리 부분
빛은 재에 들어옴

지구도 태양을 공전할 때 타원궤도로 공전하죠? 태양과 가까울 때도 태양과 멀 때도 있어요. 그럼 지구를 중심으로 공전하는 달은 어떨까요? **달도 마찬가지예요. 타원 궤도를 그리며 지구를 공전하고 있어요.** 그럼 지구와 가까울 때도 멀 때도 있겠죠? 바로 금환 일식은 달이 지구와 멀리 떨어지면서 태양-달-지구가 같은 평면에 있을 때 일어날 수 있어요. 위 그림을 보세요. 태양 중심 부분에서 나오는 빛은 달에 막혀 지구에 도달하지 않지만 태양 가장자리 빛은 지구에 도달하죠? 그래서 반지처럼 예쁜 금환 일식이 생긴답니다.

오늘도 너무 많이 배웠네요? 머리가 아프겠어요. 하지만 이렇게 공부해야 어떤 어려운 내용도 이해하며 흥미를 잃지 않고 재미있게 공부할 수 있어요.

08

이상하다, 이상해 지구형 행성은 왜 덩치가 작고 목성형 행성은 덩치가 크지?

오늘은 선생님과 함께 행성들의 특징에 대하여 살펴볼 시간이에요. 행성들 특징을 살펴보기 전에 궁금한 것이 있어요! 사진을 볼까요?

태양계를 이루는 행성 8개 크기를 살펴볼까요? 두 그룹으로 나눌 수 있나요? 딱 봐도 알겠죠? 크기가 작은 4개와 크기가 큰 4개로 나눌 수 있어요. 태양으로부터 가까운 순서대로 행성의 이름을 나열해 보아요.

수성, 금성, 지구, 화성, 목성, 토성, 천왕성, 해왕성입니다. 수성, 금성, 지구, 화성은 지구형 행성으로 목성, 토성, 천왕성, 해왕성은 목성형 행성으로 묶어서 부른답니다. 그런데! 여기서 궁금한 것은 지구형 행성은 왜 덩치가 작고 목성형 행성은 덩치가 클까요? 어떻게 보면 이런 엉뚱한 생각이 여러분을 한 단계 더 끌어올려 줄 수 있는 계기가 될 것이라고 선생님은 생각해요. 그럼 행성들의 형성 과정을 살펴보아야겠죠?

1) 성운설

"선생님, 행성들의 형성 과정을 살펴본다고 했잖아요? 왜 별의 탄생 과정을 설명하는 성운설을 배우나요?" 오~ 훌륭한 친구 같아요. 성운설에 대하여 알고 있군요. 성운설은 별의 탄생을 가장 잘 설명하는 가설 중 하나입니다. 그런데 이 성운설이 행성의 형성도 잘 설명하기 때문에 현재까지 행성의 형성 과정은 성운설로 설명하려고 합니다. 그럼 성운설에 대하여 자세하게 다루지는 않겠지만 행성의 형성 과정에 초점을 두고 설명해 볼게요.

①

지구에도 구름이 있듯이 우주에도 구름이 있답니다. 그런데 크기가 지구에 있는 구름하고는 비교가 안 될 정도로 엄청 커요. 왜냐하면 이러한 구름에서 별이 탄생하거든요. 구름 내부도 밀도가 높은 부분이 있고 밀도가 낮은 부분이 있어요. 하지만 밀도 차이가 크게 나지 않기 때문에 밀도가 높은 부분으로 가스나 먼지 등이 쉽게 끌려가지 않아요.

②

하지만 옆 동네에서 아주 큰 폭발이 일어날 때가 있어요. 바로 '초신성'이라는 것이에요. 초신성은 엄청 밝죠? 충격도 엄청 나겠죠? 그 충격이 옆 동네 구름에 충격을 가하면 중력 작용이 비교적 쉽게 일어날 수 있어요. 이런 예는 어떤가요? 경사면에 놓여 있는 돌이 있어요. 물론 경사면을 따라 내려가고 싶어 하지만 마찰도 있고 자체 무게도 있고 하니 아래쪽으로 쉽게 굴러가지 못하는 상황에서 누군가 꽝! 하고 경사면에 충격을 준다면 아주 신나게 돌은 아래쪽으로 굴러가겠죠? 이런 작용에 의해 밀도가 높은 부분으로 서서히 가스와 먼지 등이 끌려들어가게 됩니다. 그럼 밀도가 더욱 높아지고 중력은 더 세지겠죠?

③

성운은 가만히 있지 않아요. 충격으로 운동을 시작하고 서서히 회전을 해요. 그런데 밀도가 높은 부분을 중심으로 모여들기 시작하면서 성운의 크기가 작아집니다. 이때 아주 이상한 일이 일어나죠. 여러분, 피겨스케이팅 '김연아' 선수 알죠? 점프하면서 더 많은 회전을 하기 위해 팔을 어떻게 하나요? 오므리죠? 그러면 회전 속도가 더 빨라져요. 이것은 **각운동량보존법칙**으로 설명할 수 있는데 중학교 수준에서는 이렇게만 설명할게요. '회전 반경이 점점 줄어들수록 회전 속도는 점점 빨라진다.' 이제 구름으로 돌아와서 이야기해 보아요. 회전하고 있는 구름의 반경이 줄어들면 구름의 회전 속도가 빨라지겠죠? 우리가 아주 빨리 달리는 차 안에서 곡선도로를 달리면 몸이 바깥으로 튕겨져 나가게 되죠? 성운도 마찬가지예요. 회전 속도가 빨라지면서 원심력이 커지게 됩니다.

이런 예는 어떨까요? 아주 동글한 밀가루 반죽을 한 방향으로 계속 회전시키면서 연직 방향으로 몇 번 던지면 반죽 모양은 어떻게 되나요? 납작하게 되죠? 피자와 같이 납작해집니다.

④

바로, 이 납작한 부분을 보통 원반이라고 부릅니다. 중심은 태양이 탄생하고 원반은 행성, 위성 등으로 성장할 수 있는 물질들로 구성되어 있죠.

⑤

아주 작은 먼지와 가스들이 응축하여 미행성체를 이루고 그 이후 미행성체들은 충돌, 병합, 중력 등등 과정을 통하여 지금과 같은 큰 행성으로 자라났어요.

2) 지구형 행성과 목성형 행성의 덩치 비교

사진에서도 보았지만 참 신기하게도 지구형 행성은 작고 목성형 행성은 크죠? 왜 그럴까요?

① 성운을 이루고 있는 기체 구성비

행성의 형성과정을 잘 설명하는 것이 성운설이라고 했죠? 성운은 우주를 구성하는 하나의 천체라고 할 수 있겠죠? 우주의 대부분은 어떤 원소로 이루어져 있나요? 수소가 약 75%, 헬륨이 약 25%로 구성되어 있어요. 엥? 100%? 수소와 헬륨보다 무거운 원소는 거의 없다고 봐도 돼요. 그럼 성운을 이루고 있는 대부분 원소는 수소와 헬륨이에요. 그럼 지구형 행성을 이루는 규소, 산소, 알루미늄, 철, 니켈, 마그네슘, 칼슘, 나트륨 등등은 성운 내부에 정말 적은 양이 존재했겠죠? 적은 양으로 목성형 행성처럼 덩치가 큰 행성을 만들 수가 없어요.

당연히 이런 원소로 이루어져 있는 행성은 작을 수밖에 없답니다.

② 태양과 거리

태양과 비교적 가까운 지구형 행성은 크기가 작죠? 먼 목성형 행성은 크기가 크죠? 분명! 태양으로부터의 거리가 관련 있지 않을까요? 우선 이것부터 살펴보아요.

이 책에서 배우겠지만 비가 쉽게 내리기 위해서는 응결핵이라는 것이 필요합니다. 액체가 액체와 만나 서로 덩치를 크게 하는 것보다는 응결핵(먼지, 얼음 등)이 존재하면 그 주변으로 액체가 들러붙어 성장해(덩치를 크게) 나가는 것이 에너지로 보나 시간적으로 보나 유리해요. 그럼 행성과 같은 큰 덩치로 되기 이전에는 행성도 아주 작은 응결핵이 존재해야겠죠?

1,000K 이상 높은 온도에서 응집할 수 있는 화합물은 산화칼슘, 산화알루미늄, 규화 마그네슘, 철, 니켈 등이 있습니다.

200K 미만의 낮은 온도에서 응집하는 것은 메탄, 암모니아, 얼음 등이 있습니다.

그럼 태양과 가까이 있는 지구형 행성은 온도가 높기 때문에 산소, 규소, 알루미늄, 마그네슘, 칼슘, 철, 니켈 등이 응결핵 역할을 했겠죠? 수소와 헬륨은 응결이 안 되겠죠? 높은 온도에서는 기체로만 존재할 수 있기 때문입니다.

태양과 멀리 있는 목성형 행성은 온도가 낮기 때문에 수소, 헬륨, 메탄, 암모니아, 얼음 등이 응결핵 역할을 했겠죠? 그런데 앞에서도 이야기했듯이 수소, 헬륨이 응결핵 역할을 했다면 그 양은 엄청나겠죠? 왜냐하면 행성은 성운설로 설명되고 성운은 수소와 헬륨이 대부분이니까요. 금속이나 암석보다 풍부하기 때문에 지구형 행성으로 자라나는 미행성체보다 훨씬 더 크게 자랄 수 있고 훨씬 크게 자란 원시행성(미행성체보다 큰 초기 행성)의 중력은 엄청나겠죠? 주변에 있는 기체들을 다 모아모아 크게 성장한답니다. 주변에 수소와 헬륨이 엄청 많기 때문에 아주 크게 성장하죠.

그런데 지구형 행성은 재료가 없기 때문에 초반에 아주 큰 미행성체를 형성하지 못해요. 그럼 중력이 목성형 초기 행성처럼 크지 않기 때문에 서로서로 충돌에 의하여 덩치가 커질 수밖에 없어요. 그런데 고체와 고체가 꽝! 하고 부딪히면 부서지는 것도 있고 합쳐지는 것도 있겠죠? 그러니깐 온전하게 아주 크게 성장할 수 없게 됩니다. 계속된 충돌로 파편들을 잃어버리기 때문이죠.

③ 태양풍

"선생님, 그럼 지구형 행성 주변에도 수소와 헬륨이 있었잖아요. 그럼 지구형 행성들이 목성형 행성들처럼 중력 작용으로 수소와 헬륨을 끌어 당겼으면 커지지 않았을까요?"

아주 좋은 질문입니다. 물론 수소와 헬륨을 끌어 당겼으면 커졌겠죠! **하지만 현재 지구형 행성 중 어떠한 행성의 중력도 수소와 헬륨을 끌어 당길 수 없습니다.** 그리고 또 다른 이유는 바로 태양풍입니다. 아무리 원반이라고 하더라도 먼지와 기체의 양은 중력 작용이 우세한 태양 중심 부분에 많지 않을까요? 당연히 많겠죠? 하지만 태양이 탄생하면서 강력한 태양풍이라는 것이 불었어요. 그리고 사실 현재도 태양풍은 불고 있답니다. 여러분, 영화에도 한번씩 이런 장면 본 적 있지 않나요? 어떤 방향으로 힘을 받아 우주 공간에서 계속 그 방향으로 쭈욱 나아가 결국 우주 미아가 되는 장면요. 상상만 해도 끔찍해요.

강력한 태양풍에 의해 지구형 행성 주변에 있는 기체들을 바깥으로 다 날려 버렸겠죠? 여기서 바깥은 목성형 행성들이 존재하는 곳을 이야기합니다. 그럼 원시 목성형 행성은 "땡큐!" 하면서 자신들의 중력으로 끌어 당겼을 겁니다. 산소, 규소, 알루미늄 등은 왜 날려가지 않았을까요? 그건 바로 앞에서도 설명했지만 응결핵을 만들고 미행성체로 성장하면서 태양풍에 의해 밀려가지 않을 정도로 성장했던 거죠. 기체는 그럴 만한 능력이 없기 때문에 태양풍에 밀려밀려 멀리 날아가게 된 것이죠.

3) 너희들의 특징은 무엇이니?

① 해왕성(Neptunus)

- 해왕성은 맨눈으로 볼 수 없기 때문에 수학적 계산에 의해 발견된 유일한 행성.
- 천왕성의 궤도가 계산한 것과는 다른 관측결과를 얻어 연구한 결과 또 다른 질량이 큰 행성의 중력에 영향을 받고 있다고 위르뱅 르베리에가 예측했고 1846년 요한 고트프리트갈레가 해왕성을 관측함.
- 목성과 토성은 대기에 수소와 헬륨이 대부분이지만 해왕성의 대기는 아주 적은 탄화수소와 질소를 포함하고 있으며 물, 암모니아, 메테인 등이 얼어붙은 물질이 높은 비율을 차지함. 행성의 가장 바깥 층에는 메테인이 소량 존재하여 푸른 색깔을 띰.
- 역동적인 기상현상이 관측됨.
- 희미한 고리도 있음. (1989년 보이저 2호의 탐사를 통해 존재가 확인됨)

② 천왕성(Uranus)

- 천왕성 대기는 목성과 토성의 대기보다 소량의 탄화수소, 메테인, 물, 암모니아와 같은 휘발성 물질들이 더 많이 섞여 있음.
- 특이하게 자천축이 98° 정도로 크게 기울어져 있음. 천왕성의 북극 및 남극이 가리키는 방향은 다른 행성들의 적도가 가리키는 방향과 비슷함. 정확하지는 않지만 이렇게 누워서 공전하게 된 이유는 행성 초기 강력한 충돌에 의해 누워졌다고 함.
- 해왕성과 마찬가지로 메탄이 표면을 이루고 있고 초록색을 띔.

③ 토성(Saturnus)

- 현재까지 발견된 위성은 82개이며(2019년 10월) 태양계 중 가장 많은 위성을 가짐.
- 아름다운 고리가 특징이며 사실 이 고리 내부는 먼지, 얼음 알갱이 등으로 이루어진 것이며 아주 빠른 속도로 토성을 공전하고 있음.

④ 목성(Jupiter)

- 거의 수소와 헬륨으로 구성되어 있으며 태양계 행성 중 가장 큼.
- 목성은 암모니아 및 화화수소암모늄으로 구성된 구름에 뒤덮여져 있음. 이 구름들은 지구에서 관측하면 줄무늬 형태로 보임. 밝은 색의 대(zone)와 어두운 색의 띠(belt)로 나뉨. 풍속이 거의 100m/s에 달하는 바람이 평균적으로 붐.
- 위 그림에서 나와 있는 것처럼 동글동글한 부분은 폭풍을 나타냄.
- 지구의 자기장보다 약 14배나 강하며, 현재 목성 자기장은 액상 금속성 수소핵 속 물질들의 소용돌이 운동으로 인한 전류에 의해 발생하는 것으로 여겨짐. 지구도 외핵의 운동에 의해 자기장이 형성된다고 여겨짐.

⑤ 화성(Mars)

- 표면의 대부분은 산화철 먼지로 덮여짐. 화성의 표면에 일시적이나마 물이 존재했다는 결정적인 증거가 있음. 화성 표면에서 발견된 암염이나 침철석과 같이 대체로 물이 존재할 때 생성되는 광물이 발견됨.
- 화성의 대기압은 지구의 1/100 정도로 매우 낮음. 대기가 적으므로 기압이 매우 낮고 물이 있더라도 기압 때문에 빨리 증발하게 됨.
- 화성의 자전축은 지우와 비슷하게 기울어져 있기 때문에 계절 변화가 나타나지만 공전 주기가 길기 때문에 계절 길이는 지구에 비해 약 2배 정도 김.
- 화성의 북극과 남극에는 흰 색으로 보이는 극관이 있음. 이 극관의 크기는 계절에 따라 변하며 주로 이산화탄소의 고체 상태인 드라이아이스와 얼음으로 이루어짐.

⑥ 금성(Venus)

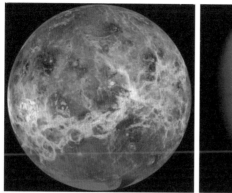

왼쪽은 금성 표면이고 오른쪽은 금성 대기를 찍은 사진입니다.

- 금성은 지구와 너무나도 흡사하여 자매행성이라고 불림. 핵, 맨틀, 지각으로 이루어져 있으리라고 생각되지만 지구와 금성의 가장 큰 차이점은 판 구조활동이 보이지 않는 것. 현재까지 금성의 표면과 맨틀이 건조하기 때문이라고 생각됨.
- 금성은 지구보다 태양에 가깝기 때문에 단위 면적당 태양 복사 에너지가 지구보다 약 두 배 정도 됨. 따라서 원시 금성에도 지구와 같은 바다가 있었다면 바닷물 온도는 지구 온도보다 높아 증발하여 대기로 떠오르게 되고 대기 중 수증기 양이 많아지면 온실효과가 커짐. 온실효과는 금성 온도를 더 높이고 증발은 더 빠른 속도로 일어남.

⑦ 수성(Mercury)

- 대기가 거의 없음. 수성의 질량이 작아 중력이 작기 때문에 기체를 붙잡지 못함.
- 전체적으로 수성 표면은 달과 비슷함. 수성은 대기가 희박하기 때문에 충돌하는 운석 및 소행성들의 속도를 줄여 줄 수 없기 때문에 속도가 감소하지 않은 채로 큰 충돌을 겪음.

태양계 행성들에 대하여 배웠어요. 우리가 전혀 생각하지도 못 했던 크기에 대한 이야기로 시작하였는데, 어땠나요? 당연한 것을 당연하게 받아들이지 않는 여러분들이 되어야 해요. 알겠죠? 그럼 안녕~

09

바다의 소리,
조석

여러분, 조석 하면 어떤 것부터 떠오르나요? 웹툰이 떠오르나요? 사실 어떤 제목으로 여러분들의 호기심을 끌 수 있을까 고민한 끝에 제목을 정했는데. 마음에 드나요? 오늘 선생님과 함께 조석력에 대하여 공부해 보도록 할게요. 우선, 용어 정리부터 해요.

용어	정의
조석력 기조력	아침 · 저녁에 일어나는 밀물 또는 썰물을 일으키는 힘
만조	밀물이 끝나고 바닷물이 가장 많이 들어온 상태
간조	썰물이 끝나고 바닷물이 가장 많이 빠져나간 상태
밀물	바닷물이 육지 쪽으로 몰려가는 현상
썰물	바닷물이 바다 쪽으로 몰려가는 현상
조류	밀물과 썰물 현상으로 나타나는 바닷물의 수평적인 흐름
사리	만조, 간조 수위차가 큰 시기, 음력 15일, 29일
조금	만조, 간조 수위차가 작은 시기, 음력 8일, 23일

1) 우리 반에서 가장 규칙을 잘 지키는 만조와 간조

우리 반에서 가장 규칙을 잘 지키는 만조와 간조? 무슨 뜻일까요? 만조와 간조는 굉장히 규칙적이라는 것을 뜻합니다. 우선, 하루에 만조와 간조는 몇 번씩 일어나나요? 맞습니다. 각 두 번씩 일어납니다. 그럼 왜 두 번씩 일어나죠? 지구가 자전하기 때문이죠? 지구는 하루에 한 바퀴 자전하기 때문입니다. 자, 그럼 여러분 지금 밤 12시라고 가정해 보아요. 그리고 밤 12시가 만조입니다. 시간이 지나면서 간조 그리고 다시 만조 그리고 다시 간조 현상을 겪고 다시 만조가 되는 시각은 다음 날 밤 12시일까요? "선생님, 하루에 한 바퀴 지구가 자전하기 때문에 다음 날 밤 12시가 맞잖아요?" 예, 보통 이렇게 생각하는 친구들이 많아요. 하지만 여러분 만조와 간조는 누구 때문에 발생하는 것인가요? 달이죠?! 지금은 조금 이상하게 들리겠지만 지구에서 달과 가장 가까운 곳과 가장 멀리 떨어져 있는 곳에서 조석력이 가장 크답니다. 이 부분은 나중에 자세히 설명할게요. 그림을 볼까요?

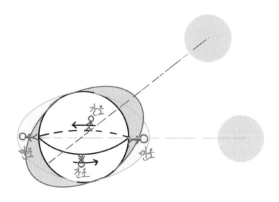

지구와 달을 파란색 선으로 연결한 달의 위치에서 지구에 미치는 달에 의한 조석력을 파란색 면으로 표시해 보았어요. 달과 가장 가까운 곳과 가장 멀리 떨어져 있는 곳에서 조석력이 가장 크죠? 그럼, 달과 가장 가까운 곳에 선생님이 있다면 만조겠죠? 시간이 지나면서 지구가 자전하기 때문에 간조, 다시 만조, 다시 간조 그리고 하루 동안(24시간) 자전하고 다시 원래 위치로 되돌아오는 순간 만조가 되어야 하는데 만조가 아니에요! 왜 그런가요? 달이 어디 있지?

　달이 반시계 방향으로 위쪽으로 달아났어요! 왜 달아났죠? 그렇죠. 공전하기 때문이에요. 지구가 자전하는 동안 달 역시 공전하기 때문에 달의 위치가 조금 바뀌었어요. 그런데 앞에서 설명했듯이 달과 가장 가까운 곳과 가장 먼 곳에서 조석력이 가장 크다고 했죠? 달의 옮긴 위치에서 지구에 미치는 달의 조석력을 보라색 면으로 표시했어요. 그럼 선생님이 24시간이 아니라 24시간보다 조금 더 자전을 해야 다시 만조가 되겠죠?!

　다음 그림은 계산 과정이에요. 특별하게 설명하지 않고 그림만 보고도 이해해 보아요.

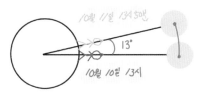

- 달 공전주기 : 27.3일
- 달 하루 동안 공전 각도 : 360°/27.3일 ≈ 13°/일
- 지구 자전주기 : 24시간
- 지구 한 시간 동안 자전 각도 : 360°/24시간 = 15°/시간

6시간 : 15° = x : 13°
∴ x = 52분

2) 조석력은 달의 인력 때문이다?

조석력은 누가 일으키는 것인가요?

대부분 친구들이 '달'이라고 이야기했죠? 사실 지구가 받는 조석력은 태양, 달, 수성, 금성, 화성, 목성, 토성 등등 질량을 가지고 있는 천체들 모두에게 받을 수 있어요. 하지만 태양과 달을 제외하고는 지구에 미치는 조석력은 아주 미비하기 때문에 무시해도 돼요. 그런데 우리는 조석력이라고 하면 보통 달을 이야기합니다. 지구가 받는 조석력은 태양보다 달에 의한 영향이 크기 때문입니다. 하지만 태양도 무시하면 안 돼요. 제일 마지막 부분에 태양-지구-달의 상대적 위치에 따른 조석력에 대하여 이야기할 것입니다.

여러분, 지금부터 중요합니다. 그럼 밀물과 썰물은 어떤 힘 때문이죠? 하고 질문한다면 거의 모든 친구들이 '달의 인력' 때문이라고 이야기합니다. 그럼 선생님 질문에 대답해 보세요. 그림에서도 살펴보았지만 지구에서 달과 가장 가까운 곳과 가장 멀리 떨어져 있는 곳에서 조석력이 가장 크다고 했죠? 분명히 달의 인력 때문이라고 한다면 달과 가장 가까운 곳에서는 달의 인력 때문이라고 이야기할 수 있지만, **달과 가장 멀리 떨어져 있는 곳은 어떤 힘 때문이죠?** 여기는 달의 인력이 가장 적어요! 가장 멀기 때문이죠. 그럼 다른 힘이 분명히 존재합니다. 과연 어떤 힘이 존재할까요? 교과서나 참고서에 가장 흔하게 볼 수 있는 조석력 그림입니다.

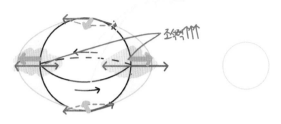

→ 조석력 , 달과 정치기선 굣과 가장 먼곳이 조석히 착크다.

→ 달의 인력 ,

→ 원심력 , 재 어느 곳이나 원성력은 같다.

파란색 화살표는 달의 인력을 나타낸 것이에요. 달의 인력은 이해가 되죠? 그런데 이상한 힘이 등장합니다. 바로, 원심력입니다. 원심력이 도대체 뭐지? 그리고 지구 어느 곳이나 원심력이 같다? 무슨 말이야? 포기하지 마세요! 이 부분 솔직히 어렵습니다. 하지만 원심력을 극복한다면 여기 있는 책 내용 모두 이해할 수 있는 정도의 훌륭한 수준의 이해력과 지식을 갖춘 학생입니다! 일단 한번 해 보아요.

우선 원심력을 이야기해 볼게요. 이해를 돕기 위하여 두 가지 예를 들어 설명해 볼게요.

① 지구 주위를 공전하는 인공위성

지구 주위를 공전하고 있는 인공위성이 있습니다. 인공위성의 속도는 굉장히 빠릅니다. 인공위성이 만약 지구 주위에서 원 궤도를 그리며 아주 빠른 속도로 공전하고 있다면 바깥으로 튀어 나가야 하지 않나요? 우리가 차에 타고 있을 때 갑자기 방향을 전환하면 바깥쪽으로 튕겨져 나가는 경험을 해 보았죠? 그런데 왜 인공위성을 튕겨져 나가지 않나요? 맞습니다. 바로 지구 중력 때문이에요. 여기서 지구 중력은 인공위성을 잡아당겨 주는 역할을 해요. 인공위성을 잡아당겨 주는 역할이기 때문에 순간적으로 움직이는 방향에 대하여 중심 부분으로 꺾이는 쪽으로 물체를 잡아당기기 때문에 아름다운 원 궤도가 그려지는 것이죠. 이런 힘을 구심력이라고 합니다. 그런데 잡아당기기만 한다면 지구로 추락해야 하는 것이 아닌가요? 아니죠? 구심력과 반대로 작용하는 어떤 힘이 존재합니다. 그 힘을 원심력이라고 해요. 원심력은 빠르게 공전하고 있는 인공위성의 속도가 만드는 힘이라고 생각해도 돼요. 만약 구심력과 원심력이 같지 않으면 힘이 더 크게 작용하는 쪽으로 인공위성은 이동하겠죠?

② 실로 묶인 야구공을 돌려 보자

실로 묶인 야구공을 실의 한 끝을 잡고 머리 위로 돌려 볼게요. 아주 팽팽하게 잘 돌아가고 있습니다. 여기서 실의 장력이 구심력 역할을 하는 것이고 야구공의 빠른 속력이 원심력 역할을 하는 것입니다. 두 가지 예로 원심력을 설명해 보았어요. 이해되겠죠?

3) 너의 질량 중심은 어디니?

질량 중심이라는 단어는 들어 보았나요? 음. 상상해 보아요. 50kg인 A와 50kg인 B가 시소를 탑니다. 시소 받침대가 A와 B 가운데 놓여 있다면 재미없는 시소가 되겠죠? 균형을 유지하겠죠? 그런데 만약 100kg인 C와 50kg인 D가 시소를 탑니다. 100kg인 C 쪽으로 기울겠죠? 그런데 균형을 유지하기 위해서 받침대를 누구에게 가까이 둬야 하나요? 맞습니다! 경험적으로 우리는 알고 있습니다. C쪽으로 받침대를 가까이 둬야 합니다. 여기서 받침대를 질량 중심이라고 생각해 보아요.

질량 중심이라는 개념이 어려울 수도 있으니 직관적으로 받아들이기 쉬운 예를 들어 볼까 해요.

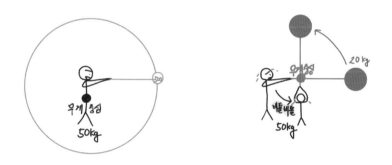

왼쪽은 50kg인 사람이 500원짜리 동전을 실에 묶어 돌리고 있어요. 동전이 한 바퀴 공전하여 만든 궤도를 그렸어요. 아주 매끈하죠? 그리고 사람이 공전하여 만든 궤도는 없을 것이에요. 제자리에서 자전만 했기 때문이죠. 그런데 오른쪽은 어때요? 50kg인 사람이 20kg인 볼링공을 끈에 묶어 돌리고 있어요. 생각만 해도 너무 무거울 것 같고 허리 아플 것 같아요. 그런데 사람의 움직임을 볼까요? 볼링공이 너무 무거워서 비틀비틀거리면서 볼링공이 공전할 때 사람도 같이 공전하고 있죠? 어떤 점을 중심으로요. 두 그림의 차이점이 무엇일까요? **바로 질량입니다.** 500원짜리 동전은 사람에 비해 작기 때문에 동전과 사람 사이의 무게 중심은 사람에게 있어요. 그런데 질량이 20kg인 볼링공과 50kg인 사람의 무게 중심은 볼링공과 사람 사이에 있겠죠? 그럼 그 점을 중심으로 볼링공도 공전하고 사람도 공전하겠죠?

　여러분, 별은 태양처럼 외롭고 쓸쓸히 홀로 있는 홑별도 있고 친구와 함께 어떤 점을 중심으로 서로서로 마주 보며 공전하고 있는 쌍성도 있다고 해요. 홑별일 확률과 쌍성일 확률은 비슷하다고 해요.

　우리는 공통질량중심에 대하여 공부해야 하기 때문에 쌍성을 생각해 보아요.

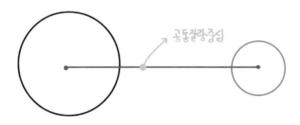

　두 별이 어떤 공통으로 가지는 질량을 중심으로 공전하겠죠?

　그럼 여기서 선생님 질문할게요. 지구는 분명히 태양을 중심으로 공전한다고 했는데 지구도 질량이 있기 때문에 태양과 지구 사이에 공통질량중심이 있지 않을까요? 맞습니다! 있어요. 하지만 태양과 지구의 공통질량중심은 거의 태양 중심과 같다고 생각해도 되기 때문에 우리는 쉽게 지구는 태양을 중심으로 공전한다고 이야기하는 것이에요. 그럼 두 천체가 공통질량중심을 공전하면서 공전에 의한 원심력이 생기겠죠? 두 별을 자동차라고 생각하고 녹색 점을 중심으로 원을 크게 한 바퀴 그린다고 생각해 보아요. 바깥으로 튕겨져 나가는 원심력이 느껴지지 않나요?

4) 원심력의 크기를 결정하라

이제 원심력과 공통질량중심을 이해했으니 그림을 한번 더 살펴보아요.

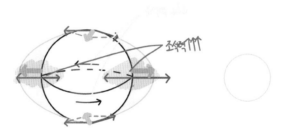

'지구 어느 곳이나 원심력은 같다'. **원심력이 같다는 것은 크기와 방향이 같다는 것이에요.** 그럼 원심력의 크기를 결정해 봅시다. 혹시 '곡률'이라는 단어를 들어 보았나요? 힌트를 드릴까요? 직선은 곡률이 0이에요.

그럼 곡률이란 어떤 의미를 지니고 있는지 알겠나요? 쉽게 이야기하면 얼마만큼 휘어져 있느냐를 이야기해요.

① 같은 곡률 다른 속도(속력)

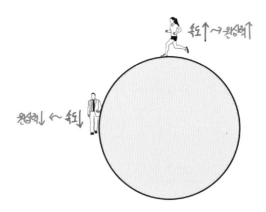

같은 반경, 즉 같은 곡률을 의미합니다. 휜 정도가 같으니까요. 그런데 위 그림에서 여자는 빠른 속도로 뛰고 남자는 천천히 걷고 있네요. 누가 더 원심력이 클까요? 누가 더 바깥으로 튕겨져 나가는 힘이 클까요? 당연히 속도가 빠른 여자분이겠죠?

② 다른 곡률 같은 속도(속력)

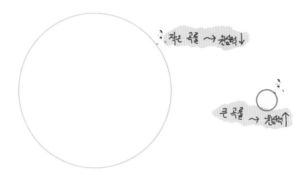

이번에는 같은 속도를 가지고 뛰고 있지만 곡률이 달라요. 운동장이 아주 큰 경우는 마치 직선처럼 생각하고 뛰어도 됩니다. 그만큼 곡률이 작다는 것을 뜻하고 운동장이 작은 경우는 금방금방 곡선이 타나나는 것처럼 느껴집니다. 그만큼 많이 휘어져 있다는 뜻입니다. 즉, 반경이 클수록 작은 곡률을 반경이 작을수록 큰 곡률을 의미합니다. 따라서 같은 속도를 가지고 뛰지만 곡률이 클수록 원심력이 큽니다.

③ 같은 곡률 같은 속도(속력)

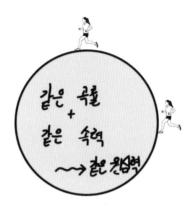

같은 곡률과 같은 속도(속력)을 가지고 있을 때는 당연히 원심력 크기는 같겠죠?

거의 다 왔습니다. 여러분, 그놈의 원심력이 무엇이라고 이렇게 머리 아프게 공부했을까요? 의미 있게 마무리해야겠죠?

5) 쌍성에서 공통질량중심을 공전하고 있는 별의 원심력

다음 그림은 쌍성에서 공통질량중심을 공전하고 있는 별의 원심력을 그려 본 것입니다. 별에서 세 곳(A, B, C)을 선택하여 각 지점의 공전 궤도를 그려 본 것이에요.

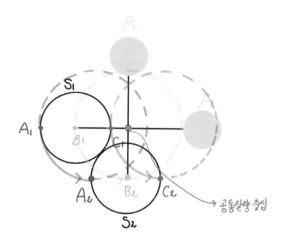

모든 곳이 공전하지만 절대 움직이지 않는 점은 무엇인가요? 맞습니다. **공통질량중심입니다.** 공통질량중심으로 두 천체가 공전하고 있어요. 노란색 별이 P_1에 있을 때 검은색 별은 S1에 있습니다. S_1에서도 세 곳을 표시해 뒀어요. A_1, B_1, C_1입니다. P_1에서 P_2로 노란색 별이 공전하는 동안 검은색 별도 S_1에서 S_2로 공전하겠죠? 당연히 S_1에 표시한 세 곳 모두 A_2, B_2, C_2로 이동했을 겁니다. 파란색은 A의 공전 경로를, 초록색은 B의 공전 경로를 빨간색은 C의 공전 경로를 그린 것이에요. 세 경로 모두 똑같은 궤도를 그리죠? 그리고 같은 시간 동안 이동 경로도 같기 때문에 속력 역시 같겠죠? 앞에서 배웠습니다! 같은 속력과 같은 곡률은 무엇을 의미하죠? 맞습니다! 원심력의 크기가 같은 것을 의미합니다.

사실 여기까지만 해도 되는데 우리는 지구와 달을 다루기 때문에 실제 지구와 달의 공통질량중심은 어디에 있는지 살펴봐야겠죠? 그리고 지구와 달의 공통질량중심으로 공전하는 지구의 원심력이 진짜 같은지 다른지 확인해 보아야겠죠?

6) 조석력 그림에서 원심력이란: 지구와 달의 공통질량중심을 공전하는 지구의 원심력

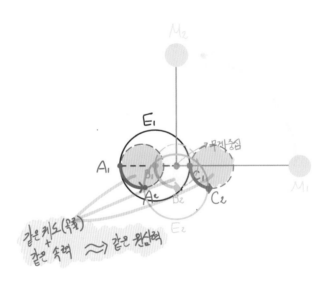

설명은 쌍성이랑 똑같아요. 그런데 다른 부분이 있어요. **달과 지구는 공통질량중심이 지구 내부에 있어요.** 그래서 조금 복잡한 그림을 그려야 하지만 어렵지 않아요. 달이 M_1에 있을 때 지구는 E_1에 있습니다. 달이 공전하여 M_2에 있을 때 지구는 당연히 E_2에 있겠죠? 검은색 지구 E_1을 가위로 오려 **그대로** 하늘색 지구 E_2로 옮겨 두었다고 생각해 볼까요? 그때

각 A, B, C의 공전 궤도를 그려 보면 그림과 같아요. 역시 같은 속력 같은 곡률을 가지죠? 즉, 달과 지구의 공통질량중심으로 공전하는 지구의 원심력은 어디서나 그 크기와 방향이 같은 것이에요. 파란색 원, 초록색 원, 빨간색 원을 평행 이동시키면 똑같잖아요!

7) 조석력이란?

이제 조석력을 힘의 개념으로 설명해 볼 수 있나요? 맞아요.
'달의 인력'+'지구와 달의 공통질량중심을 공전하는 지구의 원심력'입니다. 이제 설명할 수 있습니다. 달과 가장 가까운 곳에서는 원심력의 효과보다 달의 인력 효과가 크기 때문에 조석력의 크기가 크고, 달과 가장 멀리 떨어져 있는 곳은 달의 인력 효과는 작지만 원심력 효과가 크기 때문에 조석력의 크기가 커지는 것입니다. 즉, 조석력은 천문학에서는 밀물과 썰물을 일으키는 힘이라고 표현하기보다는 부피가 있는 천체를 양옆으로 찢어 버리는 힘이라고 표현해요. 무시무시한 힘이죠? 그런데 왜 지구는 찢어지지 않나요?

바로! 조석력을 받고 있는 천체가 가지고 있는 자체 중력 때문이에요. 만약 달에 의한 조석력이 지구의 자체 중력보다 크다면 지금 지구는 산산조각이 났겠죠? 실제로 이런 일들이 일어날까요? 예! 일어나고 있어요. 그 모습을 예측하고 망원경으로 관측하고 사진으로도 남긴 사례가 있습니다.

　목성의 엄청난 조석력으로 목성 근처를 지나가던 슈메이커-레비 혜성을 위 사진처럼 조각조각 내 버렸습니다. 무시무시하죠? 원래는 혜성이 하나의 천체처럼 보여야 하는데 위와 같이 몇십 개의 조각으로 나뉜 정도면 얼마나 목성의 조석력이 대단한지 알 수 있습니다. 즉, 이렇게 혜성이 가지고 있는 자체 중력보다 어떤 천체에게 받는 조석력이 더 클 경우 부서지는 경우도 있습니다.

8) 나도 있다! 태양계의 왕, 태양

　여러분, 태양이 섭섭하다고 하네요. 지구에 가장 큰 조석력을 미치는 천체는 달이 맞습니다. 그런데 사실 태양의 조석력도 달의 조석력의 46%에 달하는 정도입니다. 꽤 크죠? 그렇기 때문에 태양-지구-달의 상대적 위치에 따라 만조와 간조 차이가 클 때가 있고 작을 때가 있어요. 앞에 나왔던 표에 '사리'와 '조금'을 배웠죠? 그림을 통해 알아보아요.

위와 같이 태양-지구-달의 상대적인 위치에 놓일 때는 달에 의한 조석력과 태양에 의한 조석력이 최대가 되면서 만조와 간조의 차이(만조 때와 간조 때 물의 높이 차)가 크게 됩니다. 이때를 **'사리'**라고 부릅니다. 음력 1일 또는 29일(삭)과 14일 또는 15일(망, 보름달)일 때 일어납니다.

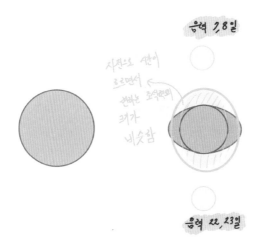

위와 같이 태양-지구-달의 상대적인 위치에 놓일 때는 달에 의한 조석력과 태양에 의한 조석력의 합력의 크기가 지구 곳곳에 비슷하여 만조와 간조의 차이가 작게 됩니다. 이때를 '**조금**'이라고 부릅니다. 음력 7, 8일(상현달) 또는 22, 23일(하현달)일 때 일어납니다.

와~ 드디어 끝났다. 조석력에 대하여 진짜 배운다고 고생했어요. 여러분, 오늘은 아무것도 하지 말고 누워서 조석력에 대하여 배웠던 내용을 떠올리면서 쿨쿨 자도록 합시다^^

10

달에서 비행기를 타고
여행을 다닐 수 있을까?

　혹시 이런 상상해 본 적 있나요? 언젠가 비행기를 타고 달을 여행하고 더 나아가 행성들을 여행하고 더더 나아가 행성의 위성들을 여행하는 그런 날이 올까요? 여러분 이런 상상은 현실에서 실제로 가능할까요? 오늘의 주제는 사실 '대기'입니다. 비행기와 대기? 어떤 관계가 있을까요? 오늘은 재미있는 주제를 시작으로 지구 대기권을 이루고 있는 대류권, 성층권, 중간권, 열권의 특징을 공부해 보아요.

1) 태양계 행성과 위성 중 비행기가 날 수 있는 곳은?

　사실 이 내용은 'what-if.xkcd.com' 사이트를 참고했어요. 선생님이 잘 이용하는 곳이랍니다. 여러분이 상상했던 일을 과학적으로 재미있게 풀어 그림으로 설명해 주는 사이트예요. 선생님이 대기와 관련하여 재미있는 것이 없을까? 생각하고 고민하던 중 이 내용을 보게 되어 소개해 볼까 해요.

태양계 행성과 위성 중 비행기가 지구에서처럼 날 수 있는 곳이 있을까? 하는 질문에 재미있게 설명이 되어 있어요. 상상의 나래를 펼쳐 봅시다!

빠른 속력으로 날고 있는 비행기를 다양한 천체에 떨궈 보도록 해요!

① 태양

끔찍해요. 태양이 얼마나 뜨거운가요? 비행기가 날지 못하고 바로 녹아 버리겠죠?

② 수성

수성에서는 날 수 있을까요? 어떨 것 같나요? 대기가 없기 때문에 바람의 저항도 없겠죠? 잘 날 수 있다고 생각하는 친구들이 있나요? 비행기가 쉽게 뜰 수 있는 힘 중 하나가 바로 '양력'이라는 것이에요. 즉, 대기가 만들어 내는 힘이라고 생각하면 될 것 같아요. 대기가 없으면 '양력'을 만들지 못하겠죠? 그럼 수성에서는 수성 표면으로 곤두박질!

③ 금성

금성은 대기의 양이 지구보다 훨씬 많기 때문에 '양력'도 크겠죠? 하지만, 금성의 대기 온도는 정말 뜨겁습니다. 빠른 속도로 날아가는 비행기는 금세 타 버리게 되겠죠?

④ 화성

대기가 아주 희박하지만 가능성은 있답니다! 앞에서 설명한 '양력'은 비행기가 아주 빠른 속도로 날아갈 때 생길 수 있는 대기가 만들어 내는 힘이에요. 그래서 비행기가 날 수 있는 근본적인 힘은 엔진에서 만들어 내는 추친력입니다. 대기의 양이 직으니 양력이 작기 때문에 쉽게 뜰 수 없습니다. 지구에서보다 훨씬 빠른 속력을 가진 비행기가 있어야 날 수 있다고 해요. 하지만 여러분 정말 빠른 속력에서 여러분의 몸을 자유롭게 움직일 수 있을까요? 아닐걸요?

⑤ 목성

목성에 잘못 걸렸다가는 몸이 으스러진답니다. 목성은 중력이 상당히 크기 때문에 비행기가 빠른 속력으로 날기 위해서는 추진력이 상당해야 하겠죠?

⑥ 토성

목성보다 중력이 세지 않고 대기가 있기 때문에 날 수 있을 것 같아요! 드디어 비행기가 뜰 수 있을까요? 아닐 거예요. 비행기가 얼어붙겠죠? 거의 -170~-180℃ 온도예요.

⑦ 천왕성

아주 정적인 곳이에요. 그렇기 때문에 여행으로 갈 만한 행성은 아닌 것 같아요. -210℃ 되는 곳에 아무것도 볼 것이 없는 곳. 비행기 역시 얼어붙어요.

⑧ 해왕성

천왕성과 마찬가지예요. 춥기도 춥지만 해왕성에는 2,500㎞/h 속력으로 바람이 불고 있어요. 지구에서 만들어진 태풍 중 속력이 500㎞/h를 넘어가는 것은 없어요. 하지만 여기는 무려 5배. 상상만 해도 끔찍하군요.

⑨ 달

달은 수성과 마찬가지로 대기가 없기 때문에 비행기가 날 수 없어요. 아쉽다.

⑩ 타이탄

그럼 비행기가 날 수 있는 천체는 없다는 말인가. 실망하지 말아요. 우리에겐 타이탄이라는 토성의 위성이 있습니다! 사실 비행기가 날 수 있기에 지구보다 타이탄이 더 좋습니다. 중력은 지구보다 적고 대기의 양은 더 많아요. 그렇기 때문에 아주 쉽게 비행기가 날 수 있어요. 하지만 -200℃에 견딜 수 있는 비행기가 있을까요?

2) 행성의 대기 온도는 높이에 따라 어떻게 변할까?

높이에 따른 대기 온도 분포 곡선은 많이 보았을 겁니다. 다른 행성은 어떨까요? 선생님이 정확하지는 않지만 대략적으로 그려 볼게요.

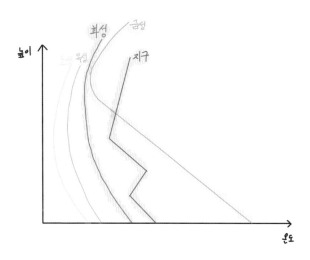

　수성은 대기가 없기 때문에 당연히 그림에 없겠죠? 천왕성과 해왕성은 목성, 토성과 비슷해서 그리지 않았어요. 자, 우리가 주목해야 할 곳은 어디일까요? 특별한 온도 분포를 보이는 행성이 있지 않나요? 금성, 화성, 목성, 토성은 모두 높이 올라갈수록 온도가 낮아지다가 다시 온도가 높아지는 온도 구조를 보이고 있죠? 그런데! 우리가 살아가고 있는 지구는 어떤가요? 높이에 따라 온도가 감소하다가 증가하다가 다시 감소하고 다시 증가하는 패턴을 보입니다. 역시, 태양계에서 유일하게 생명체가 존재하고 있는 지구는 높이에 따른 온도 변화도 특별한 존재예요. 그럼 지구는 왜 저러한 온도 분포를 보일까요? 그리고 대기에서 어떤 일들이 일어나고 있을까요? 자세히 살펴보도록 해요.

3) 지구, 왜 너만 특별하니?

행성 대기를 따뜻하게 해 주는 가장 큰 에너지 두 가지는 무엇일까요? 한 가지는 **태양으로부터 받는 복사 에너지**이고 나머지 한 가지는 **각 행성으로부터 받는 복사 에너지**입니다. 즉, 이 두 에너지가 대기의 온도를 결정하는 것이에요. 쉽게 이야기하면 일반적인 행성의 경우에는 아주 높은 곳에서는 태양 복사 에너지의 영향을 많이 받습니다. 높이 올라갈수록 태양과 가까워지겠죠? 그럼 온도가 당연 올라갈 것이에요. 그러나 행성의 지표와 비교적 가까운 낮은 대기는 행성이 방출하는 복사 에너지의 영향이 더 커요. 높이 올라갈수록 지표에서 멀어지기 때문에 에너지가 적게 도달해서 온도가 낮아지는 것이에요. 우리가 높은 산을 올라갈 때 점점 추워지지 않나요? 물론 땀이 나서 더워지기는 하지만 사실 대기 온도는 낮아진답니다.

그런데 지구는 평범해 보이지 않군요. 왜? 높이에 따라 대기의 온도가 낮아지고, 높아지고, 낮아지고, 높아질까요?

① 대류권
- 높이에 따라 온도가 감소함. 즉, **태양 복사 에너지에 의한 효과보다 지구 복사 에너지에 의한 효과가 더 큼.**
- 대기의 양이 많고 수증기 양이 많아 기상현상이 활발하게 일어남.
- 온도가 감소하다가 증가하는 구간을 대류권 계면이라 부름.
- 지표 쪽 대기의 온도가 높고 대류권 계면 쪽 대기의 온도가 낮기 때문에 대류 활동이 활발함.

- 대류권계면의 높이는 위도에 따라 다름. 단위 면적당 지면에 도달하는 열이 극지방보다 적도 지방이 더 크기 때문에 대류권계면의 높이 차이가 남. 적도 부근에서는 약 16㎞, 극지방에서는 약 10㎞ 이하에서 나타남.

② 성층권

- 보통의 경우라면 온도가 낮아져야 정상인 구간이지만 높이에 따라 이상하게 온도가 올라감.

- 성층권 아래쪽 대기의 온도는 낮고 위쪽 온도는 높기 때문에 대류 활동이 잘 일어나지 않음. 안정한 층이어서 멀리 가는 비행기 항로로 이용됨. (하지만 국내선이나 아주 가까이 비행할 경우는 성층권까지 비행기가 도달하지 않고 대류권을 이용합니다)

- 성층권 전체가 비교적 오존의 양이 많음. 그중 오존의 양이 많은 층을 오존층이라 부름. **오존은 태양 복사 에너지 중 자외선을 흡수하여 온도가 올라감.** (자외선을 흡수하면 오존이 떨리겠죠? 떨리면 옆에 있던 기체들도 떨리고 그 떨림은 열로 표현이 됩니다. 온도가 올라가게 되는 거죠)

- 고도에 따라 기온이 증가하는 이유는 무엇일까? 자외선이 흡수되는 정도는 성층권 상부에서 최대가 됨. 태양광선이 성층권을 통과하면서 오존에 흡수될 수 있는 자외선의 세기가 성층권 하부로 내려오면 작아짐. 그래서 성층권 하부에서 온도가 최소가 됨.

- 성층권에 오존이 많은 이유가 무엇일까? 우선 오존의 형성 과정을 살펴봐야 함.

$$O_2+O+M+자외선 \rightarrow O_3+M$$

산소 분자, 산소 원자, 중간물질(촉매제), 자외선이 적절하게 많은 곳이어야 함. 지표와 가까이 있는 대기에서는 자외선의 양이 적기 때문에 산소 원자(산소분자 또는 물 분자가 쪼개져서 만들어져야 함)가 적고 산소 분자와 중간물질(촉매제)의 양은 지표 근처 대기에는 많지만 고도가 높아질수록 아주 급격히 작아짐. 따라서 이런 물질들이 반응하기 좋은 비율을 유지하는 곳이 있음. 그 구간이 성층권 높이이며 그중 오존층(약 25㎞)이 형성되는 높이에서 가장 활발하게 오존이 형성됨. 오존이 형성도 되지만 분해도 되기 때문에 오존의 형성속도가 더 빠르면 오존층이 두꺼워지며 오존의 분해속도가 더 빠르면 오존층이 얇아짐.

③ 중간권
- 다시 고도에 따라 기온이 감소하는 구간. 즉, **중간권까지 지구 복사 에너지의 감소 효과가 더 크게 작용함.** 단, 성층권은 오존층에 의한 자외선 흡수로 특이하게 온도가 올라가는 구간이 형성.
- 지구 대기 중 온도가 가장 낮은 구간이 존재함. 중간권과 열권 사이에서 온도가 가장 낮음(약 -100℃).
- 중간권의 역할이 딱히 없을 것 같지만 아주 중요한 역할을 함. **극히 적은 양의 대기를 가지고 있지만 우주로부터 유입되는 먼지, 운석 등을 막아 주는 역할을 함.** 중간권에 분포하는 입자와의 마찰로 인해 타 버리게 됨. 유성 또는 별똥별이라 부름.

④ 열권

- 열권에서 기온이 증가하는 원인은 크게 두 가지가 있음. 첫 번째로 기체가 **태양 복사 에너지를 흡수**하는 것과 두 번째로 **태양에서 방출되는 양성자와 전자들**이 기체에게 충돌을 가하여 인해 기온이 증가함. 태양 흑점 활동이 활발하게 나타나는 시기에는 1,500℃까지 상승함. 엄청 뜨거울 것 같지만 열을 전달해 줄 수 있는 입자의 수가 너무 적기 때문에 매우 춥게 느끼게 됨.
- 열권은 이온화된 기체들이기 때문에 이온의 양이 많음. 이온층이라고 부름. 태양에서 온 전자들이 이온화된 기체와 결합하여 중성원자가 되면서 빛을 방출하는 과정에서 아름다운 **오로라**를 보게 됨.

4) 오로라 색깔은 녹색? 노란색? 보라색?

오로라를 직접 보면 어떨까요? 지구에서 가장 아름다운 자연 현상이 오로라라고 합니다. 선생님도 직접 보고 싶네요. 직접 보지는 못했지만 우리 같이 사진으로 아름다움을 감상해 보는 시간을 가져 봐요.

중학생 친구들이기 때문에 가급적이면 고등학교에서 배울 개념을 최소화하여 설명해 볼게요. 잠시나마 우리가 오로라를 감상했습니다. 그런데 오로라 색깔이 다양하죠?

색깔을 결정짓는 것은 무엇일까요? **바로 대기를 구성하는 '입자'입니다!**

우리가 앞에서 오로라가 형성되는 과정을 배웠습니다. 다시 한번 더 복습하면 태양에서 온 전자들이 이온화된 기체와 결합하여 중성원자가 되면서 빛을 방출하게 됩니다. 여러분 자외선, 적외선 중 어떤 빛이 에너지가 더 셀까요? 자외선이죠? 그리고 자외선과 적외선을 나누는 기준이 무엇인가요? 맞습니다. 파장에 따라 분류를 합니다. 자외선은 파장이 짧고 에너지가 크며, 적외선은 파장이 길고 에너지가 작습니다. 그런데 적외선과 자외선 사이에는 가시광선이라는 것이 있습니다. 파장의 길이가 적외선과 자외선 사이의 빛을 가시광선이라고 부릅니다. 그럼 원리를 간단하게 그림으로 살펴보아요.

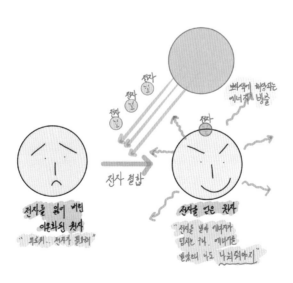

열권에서 기체분자들은 태양의 X선, 자외선을 흡수하여 전리되어 있어요. 원자구조를 기억하나요? 원자는 핵과 전자로 구성되어 있죠? 그런데 X선이나 자외선을 흡수하면 전자를 떼어내 버려요. 그래서 전자를 잃은 이온화된 원자는 외로워요. 빨리 친구를 찾아 줘야겠죠? 아주 멀리 있는 친구들이 있습니다. 태양에서 날아오는 전자들이에요. 이 전자들이 이온화된 원자와 결합하여 중성 원자를 만들어요. 친구를 얻은 중성 원자는 이제 외롭지 않아요. 전자가 가지고 있는 에너지를 받은 만큼 나눠 줘야겠죠? 중성원자는 바깥으로 에너지를 방출하게 되고 이 에너지는 빛의 형태로 나가게 됩니다. 여기서 **가시광선에 해당하는 에너지를 방출하게 되면** 우리 눈으로 볼 수 있는 것이에요. 간단하게 설명했기 때문에 꼭 고등학교 과학시간에 배워야 합니다.

그럼, 다양한 색깔을 볼 수 있다는 것은 다양한 기체 때문이겠죠? 산소, 질소 등 대기를 구성하는 다양한 기체들과 부딪힐 때 다양한 색이 나타날 수 있습니다. 다음 그림은 예시예요.

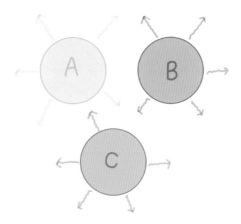

A, B, C 서로 다른 이온화된 원자 세 종류가 있습니다. 원자는 전자를 받고 에너지를 방출할 때 방출하는 에너지가 각각 다르겠죠? 다르게 해석하면 에너지는 파장에 따라 결정되기 때문에 파장이 각각 다르다는 것이고, 가시광선은 파장에 따라 색깔이 나뉘기 때문에, 즉 색깔이 다른 빛을 우리 눈으로 볼 수 있는 것이에요.

　솔직히, 교과서나 참고서에 있는 대류권, 성층권, 중간권, 열권에서 일어나는 현상을 공부만 한다면 매력적인 부분이 아니지만 선생님과 다양한 주제로 배워 보니 어때요? 재미있지 않나요? 우리가 다음 시간에 배우게 될 기압과 바람에 대하여도 흥미를 가지고 배워 봐요.

11

왜 공기는 수직(연직) 방향으로
잘 움직이지 않을까?

우리 당장 밖으로 나가 봐요. 바람을 느낄 수 있나요? 바람이 어디로 불어 나아가나요? 서쪽? 동쪽? 남쪽? 북쪽? 그런데 혹시 머리카락이 위로 솟아오른 친구들이 있나요? 또는 하늘에서 아래 방향으로 바람이 불어 머리카락이 축~ 처진 친구들이 있나요? 없을 것 같군요. 그럼 왜 공기는 수평으로 움직이는 것일까요? 물론 연직 방향의 공기 이동도 있습니다. 그런데 특별한 경우죠. 대개 바람이라고 하면 수평으로 흐르는 공기의 흐름을 이야기합니다. 그림을 볼까요? 정말 못 그렸죠?

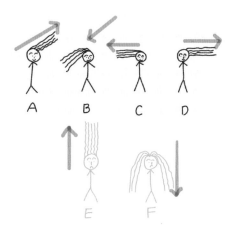

지표에서 또는 하늘에서 왜 위아래로 공기가 쉽게 이동할 수 없는 것일까요? "선생님! 혹시 높이에 따라 기압 차이가 나지 않기 때문 아닐까요?" 그럴듯한걸요? 공기를 움직이는 힘은 바로 기압 차이 때문이니까요. 그럼 그림을 살펴보고 다시 대답해 볼까요?

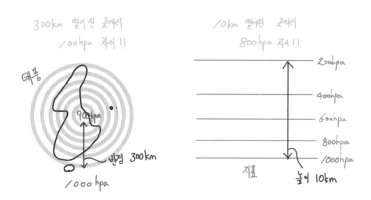

여러분, 7~10월 엄청나게 빠른 바람으로 우리나라에 피해를 주는 자연현상이 있죠? 맞습니다. 바로 태풍입니다. 태풍은 우리나라를 덮을 만큼 커다란 덩치를 가지고 있습니다. 왼쪽 그림은 태풍을 나타낸 것이에요. 조금 후에 기압의 단위에 대하여 언급하겠지만 우선 기압의 단위는 hPa이라는 것을 쓴답니다. 중심기압이 900hPa이면 태풍 중에서도 굉장히 강력한 태풍입니다. 저런 태풍이 우리나라를 지나간다고 가정해 보아요. 반경 300km에 100hPa 차이가 나죠? 이 정도 기압 차이가 나더라도 정말 강한 바람이 불어요.

자, 이번에는 오른쪽 그림을 볼까요? 보통 지표로부터 높이 10km인 상공까지의 기압을 나타낸 것이에요. 헉! 설마 태풍보다 더 센 것 아닌가요? **태풍은 300km에 100hPa 차이가 나더라도 엄청나게 빠른 바람을 만들어 내는데, 고작 10km밖에 차이가 나지 않는데 무려 800hPa 차이가 난다고?** 그럼 얼마나 빨리 지표에서 하늘 위로 공기들이 움직일까요? 그런데 상승·하강은 잘 일어나지 않아요. 정적인 상태죠.

연직 방향으로 이렇게 큰 기압 차이가 있는데 공기들은 왜 연직 방향으로 움직이지 않을까요?

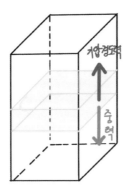

지표 근처에 공기가 많이 모여 있습니다. 높은 상공에는 공기가 적죠. 그럼 지표에서 위쪽으로 기압 차이가 나겠죠? **기압 차이에 의한 공기의 힘을 기압경도력이라고 부릅니다.** 만약 기압경도력만 존재한다면 공기들은 위쪽으로 아주 빠른 속도로 이동하겠죠? 아뇨! 벌써 다 이동했을 것이에요. 그럼 기압경도력과 반대 방향으로 어떤 힘이 존재해야 하는데 무엇일까요? 맞습니다. 그림에도 있듯이 **중력**입니다! 연직 방향으로 중력이 기압경도력과 같은 힘으로 평형을 유지하고 있습니다. 이러한 이유로 공기는 연직 방향으로 움직이는 것이 어렵고 수평 방향으로 움직이는 것이 수월합니다. 그래서 보통 수평 방향으로 흐르는 공기의 흐름을 바람이라 하고 연직 방향으로 흐르는 공기의 흐름을 기류라고 해요. 기류? 어디서 들어 본 것 같은데. 맞아요! 여러분들 벌써 배웠어요. 상승기류, 하강기류. 들어 보았죠?

1) 기압 차이를 일으키는 범인은?

기압 차이를 일으키는 요인은 무엇일까요? 가장 일반적인 것이 **온도 차이**입니다. 만약 모래와 같은 곳이 있다면 비열이 작기 때문에 태양 에너지를 많이 흡수하여 온도가 올라갈 것이고 바다와 같은 곳이 있다면 비열이 크기 때문에 온도가 덜 올라갈 것이에요. 그리고 만약 얼음이나 눈이 존재하는 곳이라면 반사율이 크기 때문에 태양 복사 에너지를 많이 흡수하지 못한답니다. 이렇게 지역마다 대기의 온도가 달라지게 됩니다. 대기의 온도가 다르면 어떤 일이 발생할까요? 그림을 잘 보세요.

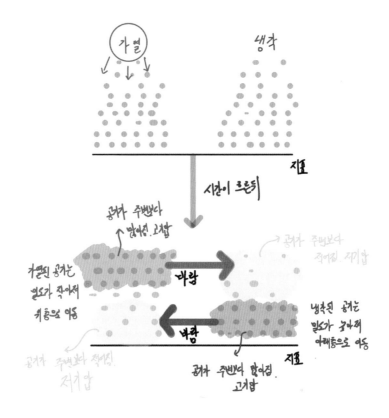

그림에도 설명이 잘 되어 있지만 다시 한번 설명해 볼게요. 두 지역이 있습니다. 한 지역은 태양 복사 에너지를 많이 흡수하여 공기가 가열되고 있으며 다른 한 지역은 태양 복사 에너지를 적게 흡수하여 공기가 냉각되고 있습니다. 시간이 흐른 뒤 가열된 공기는 온도가 높아짐에 따라 밀도가 낮아져 상층으로 공기들이 이동합니다. 그럼 가열된 지역의 지표 쪽에는 공기의 양이 주변보다 적어지고 상층 쪽에는 공기의 양이 주변보다 많아집니다. 반대로 냉각된 공기는 온도가 낮아짐에 따라 밀도가 커져서 지표 쪽으로 공기들이 이동합니다. 그럼 냉각된 지역의 지표

쪽에는 공기의 양이 주변보다 많고 상층 쪽에는 공기의 양이 주변보다 적어집니다. 그럼 지표 부근에서는 오른쪽에서 왼쪽으로 공기의 흐름이 형성되며, 상층 부근에서는 왼쪽에서 오른쪽으로 공기의 흐름이 형성됩니다. **이렇게 불균등한 지표 가열로 기압 차이가 형성되며 그 기압 차이로 수평 방향으로 공기의 흐름이 만들어지는 것이죠.** 이것이 바로 바람입니다.

2) 지구 대기 양은 얼마나 될까? 구할 수 있을까?

여러분, 혹시 지구 대기는 얼마나 있을까요? 이런 궁금증을 가져 본 적 없나요? 아주 복잡할 것 같죠? 전혀 그렇지 않습니다. 이것만 알면 돼요. 딱 한 가지요. 기압의 단위만 알아두면 쉽게 구할 수 있습니다.

앞에서도 잠깐 나왔지만 지구과학에서는 기압의 단위로 Pa을 잘 써요. 물론 기압의 단위는 정말 많아요. 토리첼리를 기리기 위해 만든 torr 그리고 bar, atm, mmHg 등 있지만 우리는 이제 Pa을 쓰도록 해요. Pa은 단위면적(1㎡)당 작용하는 힘(N)을 의미합니다.

$1Pa=1N/1㎡$입니다. 그런데 Pa은 작은 단위이기 때문에 100배를 한 hPa을 써요. $1hPa=100Pa$입니다.

그럼 선생님이 문제를 내 볼게요.

지구 표면적은 약 5.2×10⁸㎢이며, 평균 중력가속도는 약 10m·s⁻²이고
지표에서 평균 대기압이 약 1000hPa일 때, 지구 대기 전체의 질량을 계산하시오.

여러분, 계산할 수 있겠나요? 선생님이 그림에 풀이를 해 두었어요.

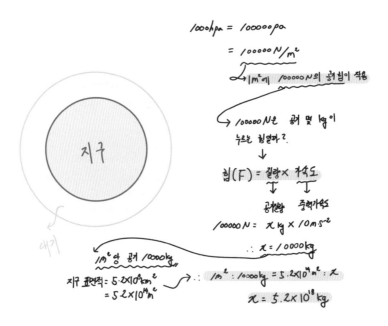

그림에도 나와 있지만 지구 대기를 구하는 방법을 표로 차근히 살펴보아요. 사실 중학교 과정에서 기압의 단위를 이용하여 대기의 양을 구하는 것을 정말 어려우니까요.

단계	방법
1	지표에서 평균 대기압이 1000hPa이군요. 그럼 100,000Pa이죠?
2	1Pa은 1㎡에 해당하는 면적에 1N 힘이 누르는 것으로 정의됩니다.
3	100,000Pa은 1㎡에 해당하는 면적에 100,000N 힘이 누르는 압력이에요.
4	그럼 지표 1㎡에 100,000N 힘으로 누르고 있는 것은 무엇일까요? 맞습니다! 공기가 지표를 누르고 있는 것이죠!
5	그럼 공기가 누르는 힘을 어떻게 계산할까요? 힘! 하면 떠오르는 공식 $F(N)=m(kg) \cdot a(m \cdot s^{-2})$
6	$100,000N=공기질량 \times 10m \cdot s^{-2}$ 공기질량$=10,000kg$
7	1㎡당 10,000kg의 공기가 누르고 있습니다. 지구 표면적이 5.2×10^8㎢이므로 m로 단위 환산을 하면 5.2×10^{14}㎡입니다.
8	1㎡ : 10,000kg$=5.2 \times 10^{14}$㎡ : 공기질량 $\therefore$ 공기질량$=5.2 \times 10^{18}kg$

표로 천천히 살펴보니 지구 대기 양을 구할 수 있나요? 이 방법을 확실히 여러분 것으로 소화한다면 어떤 행성의 대기 질량도 구할 수 있습니다. 오늘은 선생님과 함께 공부하는 시간이 비교적 짧았네요? 자기 전에 꼭 머릿속으로 어떤 것을 공부했는지 복습하고 자야 합니다. 그럼 안녕~

12

전선들이여!
나(온대 저기압)를 따르라

여러분, 온대 저기압 많이 들어 보았나요? 선생님이 생각했을 때 온대 저기압은 우리나라 날씨에 영향을 많이 주는 대기현상이기 때문에 확실하게 알아 두면 좋아요. 왜 온대 저기압이라는 명칭으로 불리게 되었을까요? 우선 '온대'+'저기압'이라는 두 단어가 합쳐진 것 같죠? 지구를 위도별로 기후를 구분하였을 때 열대, 아열대, 온대, 아한대, 한대 등으로 구분됩니다. 우리나라는 찬 공기와 더운 공기가 만날 수 있는 최고의 조건인 '온대' 지역입니다. 따라서 온대 저기압이란, 온대 지역에서 형성된 저기압을 이야기합니다. 여기서 더 붙여서 온대 지역에서 형성된 저기압은 전선을 동반하는 것이 특징입니다. 이 전선 때문에 여러 기상현상들이 발생합니다. 자~ 그럼, 다들 온대 저기압 일생에 대하여 공부할 준비되었나요? Go! Go! Go!

다음 그림은 온대 저기압 일생을 간단하게 나타낸 것입니다.

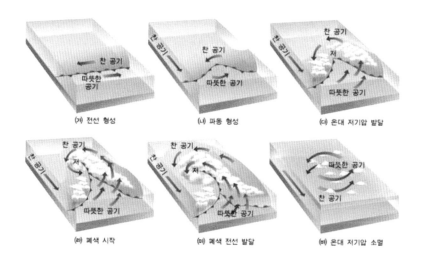

교과서나 참고서에 항상 등장하는 그림이죠? 하나하나 따져 보면서 재미있게 공부해 봅시다. 공부하기 전 강조하고 싶은 것은 북반구를 전제하고 설명하는 것입니다.

우선 첫 번째 그림입니다. 왜 항상 찬 공기는 동풍(동 → 서)이 더운 공기는 서풍(서 → 동)이 불까요? 모든 교과서와 참고서에 있는 그림이 하나같이 똑같아요. 이유가 있겠죠?

교과서에는 첫 번째 단계를 이렇게 하고 있죠. '북쪽의 찬 기단과 남쪽의 더운 기단이 만나……' 그럼 기단은 고기압에 가까울까요, 저기압에 가까울까요? 힌트가 더 필요한가요? 그럼 우리나라 가장 큰 영향을 미치는 두 가지 기단을 말해 보세요. 시베리아 고기압(기단)과 북태평양 고기압(기단)입니다. 기단은 큰 고기압 덩어리라고 생각하면 됩니다. 고기압은 바람이 어떻게 불까요? 시계 방향으로 꺾이면서 불어 나갑니다. 다음 그림을 참고해 볼까요?

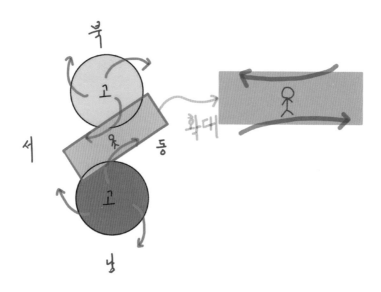

왼쪽 그림은 고기압 덩어리를 작게 그려 보았고 오른쪽 그림은 선생님이 있는 지역을 크게 그려 보았습니다. 이렇게 생각하면 쉬울 것 같아요. 우주에서 지구를 볼까요? 동글동글하게 예쁘겠죠? 지표에서 지구를 본다면 동글동글이 아닌 평면같이 보일 거예요. 왼쪽 그림과 오른쪽 그림의 차이를 알겠나요? 그럼 북쪽의 찬 기단과 남쪽의 더운 기단이 만나는 곳에서의 바람의 방향을 이해했나요? 시작이 반입니다!

두 번째 단계로 가 볼까요? 이제 드디어 저기압이 형성되네요? 그런데 왜 갑자기 저기압이 형성될까요? 이 단계가 가장 쉽게 설명됩니다. 고기압과 저기압의 정의만 알고 있다면 해결할 수 있어요. 고기압은 주변보다 기압이 높은 곳, 저기압은 주변보다 기압이 낮은 곳입니다. 그럼 북쪽에도 고기압, 남쪽에도 고기압입니다. 그럼 고기압과 고기압 사이는 당연히 저기압이겠죠? 그래서 온대 저기압이 형성될 가능성이 높은 것이죠.

세 번째 단계입니다. 바람이 반시계 방향으로 꺾여 불어 들어오면서 정말 재미있는 현상이 생겨요.

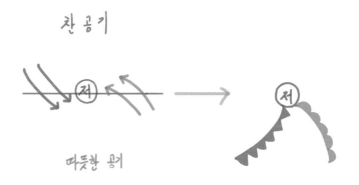

온대 저기압 왼쪽 부분을 볼까요? 여러분이 직접 바람의 방향을 그려 보아요. 찬 공기가 더운 공기를 밀고 있죠? 오른쪽 부분은 어떤가요? 이번에는 더운 공기가 찬 공기를 밀고 있죠? 바로 전선이 형성되는 것이죠. 전선 정의에 따르면 찬 공기가 더운 공기를 파고들 때를 한랭전선, 더운 공기가 찬 공기를 타고 올라갈 때를 온난전선이라고 합니다. 그럼 온대 저기압 왼쪽은 한랭전선이, 오른쪽은 온난전선이 생기겠죠? 여기서 시험에 잘 나오는 온난전선과 한랭전선의 특징에 대해 조금 더 자세히 살펴보겠습니다.

1) 한랭전선과 온난전선 구름 및 강수 형태 비교

공기의 밀도에 가장 큰 영향을 주는 것이 바로 온도입니다. 밀도란 무엇일까요? 질량÷부피입니다. 기체의 부피는 활발한 기체 운동으로 기체들이 활동하는 운동장입니다. 그럼 온도가 높은 공기는 에너지를 많이 받아 열심히 운동하기 때문에 운동장이 넓어야 겠죠? 온도가 낮은 공기는 에너지가 적어 운동을 열심히 할 수가 없어요. 그럼 운동장이 넓을 필요가 없죠? 같은 질량이라도 온도에 따라 공기가 차지하는 부피가 달라져요. 그럼 밀도의 정의에 의해 찬 공기는 밀도가 높고 더운 공기는 밀도가 낮게 됩니다.

한랭전선은 찬(밀도가 높은) 공기가 더운(밀도가 낮은) 공기 아래로 깔리면서 이동하게 됩니다. 밀도가 낮은 더운 공기는 태클이 들어오니 깜짝 놀라 위로 도망갈 거예요. **높은 적운형 구름이 한랭전선 뒤쪽에 형성됩니다.** 적운형 구름은 소나기 형태로 비가 내립니다. 반대로 온난전선은 더운(밀도가 낮은) 공기가 찬(밀도가 높은) 공기를 만나게 되면 파고 들어 갈 수 없기 때문에 스멀스멀 찬 공기 위를 타고 올라갈 것이에요. **그 럼 엷게 층운형 구름이 온난전선 앞쪽에 형성됩니다.** 층운형 구름은 이 슬비 형태로 비가 내립니다.

2) 전선 전후 풍향 비교

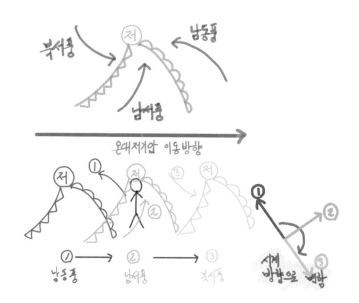

온대 저기압의 이동 방향은 **편서풍의 영향**을 받으면서 서에서 동으로 이동합니다. 그에 따라 온대 저기압이 통과하기 전과 후의 바람의 방향 이 그림과 같이 변한답니다.

3) 전선 전후 기온 및 기압 비교

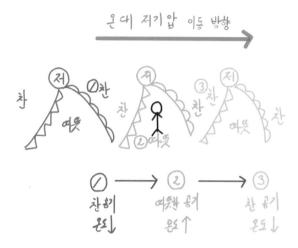

기온은 위 그림으로 이해되겠죠? 기압은 조금만 생각해 보면 쉬워요. 더운 공기는 밀도가 낮으니 위로, 찬 공기는 밀도가 낮으니 아래로 이동합니다. 그럼 지표에서는 더운 공기가 있는 곳은 기압이 조금 낮아지고 찬 공기가 있는 곳은 기압이 조금 높아집니다. 정리하면 **온난전선이 통과한 후 기온은 상승하고 기압은 하강하지만 한랭전선이 통과한 후에는 기온이 하강하고 기압은 상승합니다.**

4) 제일 잘나갈 것만 같았던 전선이 사라진다!

네 번째 단계입니다. 만약 온대 저기압이 형성이 되고 소멸을 하지 않는다면 계속 비만 내릴 수도 있겠네요? 하지만 다행히도 소멸한답니다. 소멸이 시작되는 과정을 살펴봅시다.

위 그림은 시간에 따른 온대 저기압을 나타낸 것입니다. 이상하죠? 결국은 폐색전선이 형성되기 시작하면서 온대 저기압 세력이 약해져서 결국 소멸합니다. 폐색전선은 어떻게 형성될까요? 맞습니다. 한랭전선이 온난전선을 따라잡으면서 형성됩니다. 그럼 한랭전선은 왜 속도가 빠를까요? 힌트는 바로 '온대' 저기압입니다. 선생님이 '온대'를 강조했죠? 앞에서도 말했듯이 온대는 보통 중위도를 뜻하며 중위도는 대기대순환에 의해 편서풍이 강하죠? 그럼 그림을 통해 살펴봅시다.

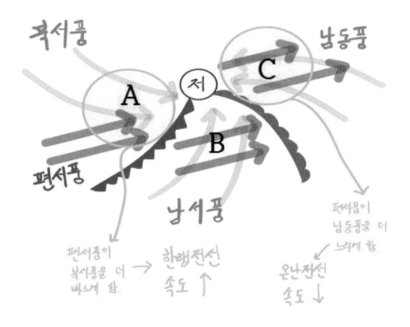

그림을 보면 A, B, C 중 어떤 곳에서 바람이 가장 세고 약할까요? 편서풍(보라색 두꺼운 화살표) 방향과 같은 곳인 **A가 풍속이 가장 세고** 편서풍 방향과 반대인 곳인 **C가 풍속이 가장 약합니다.** 그럼 한랭전선은 속도가 당연히 빠르고 C는 이동이 가장 느리니 온난전선이 앞으로 나아갈 수 있는 힘이 없겠죠?

와~ 마지막 다섯 번째 단계입니다. 이제는 우리가 서로 헤어져야 할 시간. 온대 저기압이 사라집니다. 온대 저기압의 정의에는 '한랭전선과 온난전선을 포함하는'이라는 것을 강조하고 싶어요. 즉, 온대 저기압이 사라진다는 것은 한랭전선과 온난전선이 사라지는 것입니다. 그럼 전선이라는 정의가 중요합니다. 전선이 무엇일까요? **전선이란 서로 다른 성질을 가진 두 공기가 만나 생긴 면이 지표와 만나 이루는 선입니다.** 전선이 사라진다는 것은 찬 공기와 더운 공기가 더 이상 지표에서 만나지 않음을 의미하겠군요. 아래 그림을 보면 더욱 쉽게 이해된답니다.

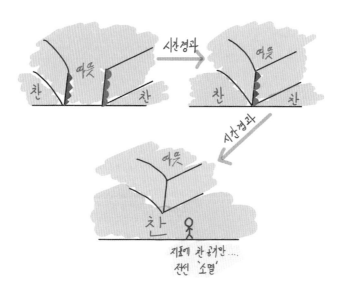

보세요. 지표에는 찬 공기만 남아 있죠? 전선이 형성되려면 찬 공기와 더운 공기가 만나야 하는데 찬 공기만 있으니 전선은 전혀 형성될 수 없답니다. 즉, 온대 저기압이 소멸된 것이죠.

드디어 온대 저기압 일생이 끝이 났습니다. 여러분 재미있지 않나요? 자연현상의 일생을 공부하는 것은 매우 흥미롭답니다. 그런데 우리가 전선을 공부하다 보니 공기가 상승하여 구름이 형성된다고 하였어요. 구름은 어떻게 형성될까요? 그리고 놀라운 사실은 차가운 비와 따뜻한 비가 있다고 하네요! 차가운 비? 따뜻한 비? 너무 궁금하죠? 다음 시간에 보아요~ 안녕^^

13

차가운 비?
따뜻한 비?

차가운 비? 따뜻한 비? "선생님, 비도 종류가 있나요? 차가운 비와 따뜻한 비, 너무 궁금해요!" 좋습니다~ 우리 같이 공부해 봐요!

1) 상대습도가 높은 극지방보다 상대습도가 낮은 사막 지역에 수증기가 더 많다?

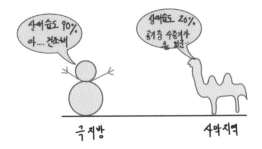

선생님이 재미있는 그림을 그렸어요. 극지방 눈사람의 하소연을 들어볼까요? 상대습도가 90%! 와~ 정말 습하겠는걸요? 그런데 건조하다고 하네요? 이상하다. 이번에는 사막 지역 낙타의 혼잣말을 들어 봅시다. 상대습도가 20%? 와~ 정말 수증기가 조금밖에 없을 것 같았는데 생각보다 수증기가 많은걸?

아 정말 이해가 안 되네요? 습도가 높은 곳에서는 건조하다고 말하고 습도가 낮은 곳에서는 공기 중 수증기가 제법 있다고 말하네요. 우선 우리가 비의 고향인 구름에 대하여 알아봐야겠죠? 구름에 대하여 알아보기 전에 상대습도에 대하여 공부해야 합니다.

2) 포화수증기 곡선

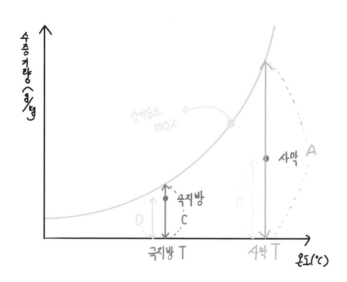

온도에 따라 수증기를 최대로 포함할 수 있는 정도를 나타낸 것을 포화수증기 곡선이라고 합니다. 포화라는 것은 가득 찼다는 것을 의미하죠? 포화수증기 양이란 어떤 온도의 공기가 최대로 가질 수 있는 수증기 양을 뜻합니다. 그럼 위 초록색 곡선은 무엇을 뜻하나요? 맞습니다! 상대습도 100%를 뜻해요. 상대습도 공식을 살펴보아요.

상대습도=현재 수증기 양÷포화수증기 양

그럼 우리 눈사람과 낙타가 왜 그런 말을 했는지 알아봅시다. 극지방을 한번 봐요. 극지방은 온도가 낮겠죠? 즉, 최대로 가질 수 있는 수증기 양(포화수증기 양) 자체가 우선 작아요. 여기에 현재 수증기가 많지 않아도 상대습도는 높겠죠? 왜냐하면 분모인 포화수증기 양이 워낙 작기 때문이에요. 그래서 상대습도는 높지만 공기 중 실제 수증기 양은 적습니다. 이해되나요? 이 기세를 몰아 낙타 이야기도 이해해 보아요. 사막은 온도가 높습니다. 온도가 높기 때문에 포화수증기 양도 많아지게 됩니다. 분모가 워낙 큰 거죠. 아무리 공기 중 수증기 양이 많아도 분모가 워낙 크기 때문에 상대습도는 낮을 수밖에 없어요. 하지만 사막에도 제법 수증기가 있다는 것! 낙타가 왜 저런 말을 했는지 이해되나요?

3) 내 과학 점수는 백점, 구름은 이슬점

이렇게 재미있게 공부하면 여러분 과학 점수는 백점! 그런데 우리가 구름을 배우기 전 이해해야 할 개념이 있어요. 바로 이슬점입니다. 이슬점? 처음 들어 보는 단어인가요? 이슬점이 무엇일까요? 쉽게 설명하면 **이슬이 맺히기 시작할 때의 온도**를 뜻합니다. 이슬은 물방울이죠? 물방울이 맺히기 시작하는 온도라? 쉽게 이해할 수 없습니다. 그래서 선생님하고 같이 공부하는 거잖아요. 그림을 봅시다.

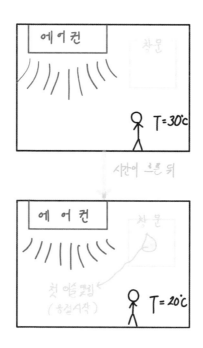

더운 여름, 방 안의 온도는 30℃. 너무 더워 우리는 에어컨을 틀죠? 문

을 꼬옥~ 닫고! 바깥의 더운 공기가 들어오지 않게 완전히 밀폐시킵시다. 여기서 밀폐라는 것은 더 이상 수증기의 출입이 없다는 뜻이에요. 그런 상태에서 에어컨을 틀어 온도를 서서히 낮추기 시작합시다. 시간이 지난 후 어떤 일이 일어났나요? 창문에 이슬이 처음 맺히기 시작했어요! 여러분도 흔히 겪는 일이죠? 에어컨을 계속 틀고 있으면 창문이나 에어컨 날개 쪽에 이슬이 맺히는 것 본 적 있지 않나요? 20℃가 될 때 이슬이 맺히기 시작했습니다. 그럼 이슬점은 몇 도인가요? 맞습니다! 20℃입니다. 응결하기 시작하는 그때 온도를 이슬점이라고 했죠? 그럼 20℃가 되어서 수증기가 응결이 되었다는 뜻은 상대습도 몇 퍼센트에 도달했다는 뜻일까요? 오~ 제법 공부를 잘하는군요! 100%입니다. 물론 100%가 되어도 쉽게 응결이 일어날 수 있는 것은 아니고 먼지, 에어로졸 등과 같은 응결핵이 존재해야 쉽게 응결이 일어날 수 있습니다. 그런데 왜 온도를 낮추면 상대습도 100℃에 도달할 수 있을까요? 그림을 볼까요?

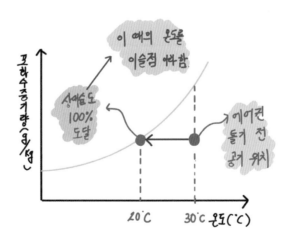

처음 30℃일 때의 공기 위치를 포화수증기 곡선에 표시했어요. 상대습도 100%가 되지 않기 때문에 응결을 할 수 없어요. 여기서 상대습도 100%에 도달하기 위해서는 두 가지 방법이 있죠? 한 가지는 수증기를 공급하는 것, 또 다른 한 가지는 온도를 낮추는 방법이 있습니다. 아까 선생님이 밀폐시킨다고 하였죠? 수증기 출입을 막아 둔 상태에서 상대습도 100%에 도달하기 위해서는 온도를 낮춰야 하기 때문에 에어컨을 틀고 온도를 낮췄어요. 자~ 점점 온도가 내려갑니다. 온도가 내려가니깐 포화수증기 양이 작아지죠? 분모가 작아진다는 뜻이에요. 그럼 상대습도는 높아지게 됩니다. 점점 포화수증기 곡선에 도달하는 것이 보이나요? 20℃에 도달하였습니다. 포화수증기 곡선을 만났고 드디어 상대습도 100℃가 되었습니다. 이때부터 응결을 시작합니다. 온도가 더 낮아지면 공기 중 수증기가 계속 응결을 하겠죠? 왜냐하면 온도가 낮아지면 최대로 가질 수 있는 수증기 양이 작아지기 때문에 수증기를 많이 가질 수가 없어요. 그럼 수증기가 어디로 갈 수도 없고 어떻게 할까요? 맞아요. 물방울로 변한답니다. ^^

4) 구름은 수증기인가? 물방울인가? 얼음인가?

　구름이 수증기라고 생각하는 친구들이 있더라구요~ 사실, 엄밀히 이야기하면 구름은 수증기가 아니라 물방울, 얼음, 먼지 등으로 이루어진 덩어리예요. 자, 그럼 구름이 어떻게 형성되는지 공부하러 갑시다.

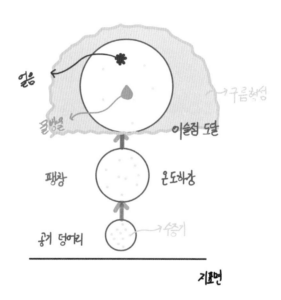

　여러분 그런데 단열이 무엇일까요? 열이 차단된다는 뜻이죠?

　구름 형성에서 항상 빼먹지 않고 등장하는 단어가 단열입니다. 그렇다면 구름 형성과 단열은 무슨 관계가 있을까요?

　여러분 추운 겨울에 어떤 옷을 입나요? 두꺼운 옷을 입죠? 사실 두꺼운 옷 안에 거위털, 오리털 등 아주 많이 들어 있는 것처럼 빵빵해 보이지만 실제로 더 많이 들어 있는 공기일걸요? 왜냐하면 공기가 아주 좋은 단열재예요. 즉, 공기가 열을 차단한다는 것이죠. 또 다른 예를 들면, 여러분 이중창이라고 들어 보았나요? 이중 창문을 이야기하는 것이에요. 창문과 창문 사이에 공간을 두는 것이죠. 왜냐하면 공기가 단열재 역할을 하기 때문에 방 안의 따뜻한 공기가 바깥의 찬 공기로 열이 전달되지 않도록 한답니다. 즉, 여러분이 지금 있는 공간만 특별하게 열을 많이 받았다고 가정해 보아요. 그런 뒤 지붕을 열어 봅시다. 그럼 눈에 보이지 않지만 여러분이 있던 공간의 따뜻해진 공기는 주변과의 밀도차이 때문에 위로 상승하겠죠? 그리고 주변으로 열을 잘 전달하지 않기 때문에 단열이라고 표현해도 되겠죠? 그리고 상승할수록 주변 기압은 작기 때문에 공기덩어리는 팽창할 것이에요. 이렇게 주변과 열이 차단된 상태에서 상승하며 팽창하는 것을 단열 팽창이라고 합니다. 이해되었죠?

계속 상승하면서 팽창하는 공기덩어리가 앞에서 배운 이슬점에 도달하면 드디어 물방울과 얼음이 만들어질 수 있어요. 물론 앞에서도 이야기했지만 응결핵 역할을 하는 재료들이 필요하답니다. 드디어 구름이 만들어지는 것이에요. 위로 계속 상승하는 공기는 온도가 더 내려가겠죠? 내려간 만큼 또 응결합니다. 왜냐하면 온도가 내려가면서 포화수증기 양이 적어지기 때문이에요. 그런데 공기덩어리는 언제까지 상승할까요? 답이 있어요. 답이 어디 있을까요? 아까 공기덩어리가 왜 상승한다고 했나요? 주변과 밀도 차이 때문이라고 했죠? 밀도에 가장 큰 영향을 주는 것이 온도예요. 그럼 상승하는 공기덩어리가 주변보다 온도가 높아지는 고도에서 멈추겠죠? 이 높이가 구름의 두께를 결정한답니다.

5) 구름이 만들어질 수 있는 몇 가지 경우

구름은 그냥 만들어지는 것이 아니라 몇 가지 경우가 있어요. 대표적인 4가지 경우를 살펴보아요.

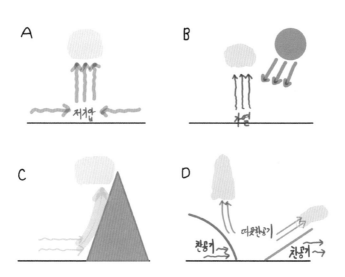

A	지표에 저기압이 형성되어 공기들이 모일 때
B	어떤 지표 부분에서 불균등한 가열을 받을 때
C	산맥이나 높은 지형을 공기가 타고 상승할 때
D	앞에서 배웠죠? 찬 공기와 따뜻한 공기가 만날 때

6) 물방울도 성장통을 겪는다?!

여러분 이슬점에 도달하면서부터 응결이 시작된다고 하였죠? 그럼 응결된 즉시 비가 되어 내릴까요?

여러분! 태어나자마자 바로 뛰어다닐 수 있나요? 아니죠? 우리도 나름대로 우여곡절을 겪으며 뛸 수 있게 되었답니다. 누워 있다가 엎드리게 되고 그러다 기어 다니게 되고 그러다 아장아장 걷게 되고 수없이 넘어지다가 결국 뛸 수 있게 되는 것처럼 응결된 입자(보통 구름입자라고 부름)는 곧바로 비로 내릴 수 없어요. 보통 크기의 빗방울이 되려면 구름입자 몇 개가 모여야 될까요? 숫자만 이야기하면 와닿지 않아서 그림으로 표현할게요.

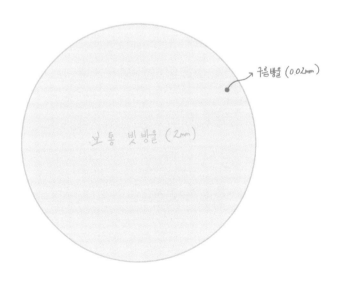

과장된 것이 아니에요. 실제 구름입자(방울)는 0.02㎜, 보통 빗방울은 2㎜예요. 그럼 구름입자 100만 개가 필요해요. 크기가 100배 차이가 나죠? 그럼 부피비로 따져야 하기 때문에 100만 개(100*100*100)가 필요한 것이에요. 여러분 그럼 100만 개가 빗방울 하나가 되기 위해 얼마나 많은 시간이 필요할까요? 비 내리는 것을 구경하려다 선생님은 할아버지가 되어 있을 수도 있겠네요.

그런데 생각보다 비가 자주 내리지 않나요? 그럼 구름입자가 우리가 모르는 어떤 과정을 통하여 빗방울로 빨리 성장한 것인데, 과연 어떤 과정일까요?

7) 따뜻한 빗방울은 충돌하고 합쳐지며 성장한다

우선 따뜻한 빗방울이라는 것은 0℃ 이상인 온도를 가진 구름에서 만들어지는 빗방울을 뜻해요.

이제 따뜻한 빗방울이 만들어지는 과정을 살펴보아요.

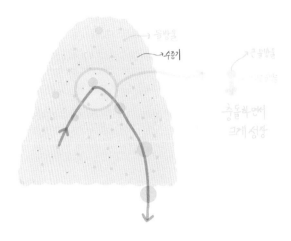

구름 안을 살펴보아요. 보일 듯 말 듯한 보라색의 수증기가 보이나요? 그리고 하늘색 물방울들도 보이나요? 그런데 물방울의 크기가 조금씩 다르군요? 물방울의 크기가 왜 다를까요? 초록색 부분을 확대해서 보아요. 큰 물방울이 지나가면서 작은 물방울들과 충돌하고 있네요? 그러면 작은 물방울들이 큰 물방울에 합쳐져서 큰 물방울은 더욱 커지겠죠? 하지만 쉽게 비로 내리지는 않아요. 왜냐하면 구름이 형성되었다는 것은 상승기류가 있다는 것을 의미하죠? 그런데 큰 물방울들이 이런 과정을 몇 번 겪다 보면 드디어 상승기류를 극복하고 지표로 뚝! 하고 떨어진답니다. 이것이 바로 비라고 하죠. **빗방울이 충돌하고 커지는 과정으로 설명하는 것이 병합설입니다.** 이제 차가운 비로 넘어가죠!

8) 찬 빗방울은 혼자 성장하지 못한다?

찬 빗방울은 0℃ 이하 구름에서 내리는 비입니다. 구름 온도가 0℃와 -40℃에서 일어나는 상황을 이야기해 볼까 해요. 중위도나 고위도 지역에서 만들어지는 구름은 온도가 낮겠죠? 그럼 물방울뿐만 아니라 작은 얼음 알갱이(빙정)도 형성된답니다. 여기서 중요한 것은 물방울과 얼음 알갱이가 동시에 존재해야만 찬 빗방울이 만들어지는 것을 설명할 수 있어요. 우선 그림을 보아요.

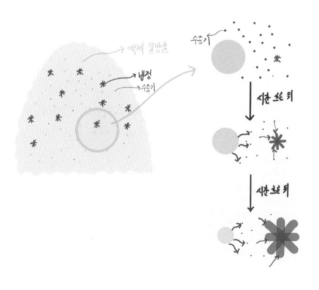

구름이 0℃ 이하로 내려가면 수증기, 물방울, 빙정이 동시에 존재할 수 있군요. 초록색 부분을 확대해 봅시다.

참으로 이상한 일이 벌어지고 있어요. 물방울과 빙정이 있네요. 그런데 시간이 지날수록 물방울 크기는 작아지고 빙정은 커지고 있어요. 어떻게 이런 일이 일어날 수 있죠? 더 자세히 보니 물방울에서는 증발이, 빙정에서는 승화(기체 → 고체)가 일어나고 있어요. 즉, **0℃ 이하의 구름에서 물방울과 빙정이 동시에 존재할 때 빙정이 점점 커지며 상승기류를 극복하고 떨어지면서 지구의 복사 에너지를 받으며 녹아내리는 비를 차가운 비라고 합니다. 그리고 이 과정을 빙정설이라고 합니다.**

그런데 어떻게 빙정이 성장할 수 있을까요? 정답은 포화수증기 곡선입니다. "선생님, 앞에서 배운 것 아닌가요?" 맞습니다. 하지만 앞에서 그린 것은 0℃ 이하를 그리지 않았어요. 0℃ 이하의 포화수증기 곡선을 살펴봅시다.

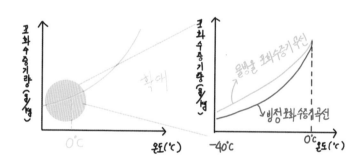

0℃ 이하일 때 물방울 포화수증기 곡선과 빙정 포화수증기 곡선이 다르네요? "아니 선생님. 0℃ 이하에서 물방울이 존재할 수 있나요?" 예! 있습니다. 바로 저러한 물방울이 -40℃까지 존재할 수 있어요. 과냉각 물방울이라고 불러 줍니다. 왜 저러한 물방울이 존재할 수 있을까요? 그건 물

방울이 빙정이 될 때 육각구조를 만들어야 해요. 얼음 결정이나 눈 결정 모양 생각해 보아요. 그러한 육각구조를 만들기 위해서는 약간의 충격이 필요해요. 그런 충격을 줄 수 없으면 온도가 낮다고 해서 얼음으로 바뀌는 것은 아니에요. 더 자세한 내용은 고등학교 화학시간에 배워 보세요.

본론으로 돌아와 물방울과 빙정의 포화수증기를 비교해 봅시다. 누가 더 큰가요? 물방울의 포화수증기 양이 더 많죠? 그럼 물방울은 자신의 주변에 수증기를 더 많이 가지고 있을 수 있고 빙정은 자신의 주변에 수증기를 가지고 있을 수 있는 능력이 물방울보다 떨어지는군요. 즉, 빙정은 수증기를 많이 가지고 싶어 하지 않기 때문에 수증기를 제거하려고 해요. 그 방법이 주변 수증기를 승화시켜 버리는 거죠. 그럼 수증기는 줄어들겠죠? 옆에 있던 물방울은 줄어든 수증기를 보충하고 싶어 해요. 왜냐하면 물방울은 수증기를 가질 수 있는 능력이 우수하기 때문이에요. 물방울은 계속 기화가 일어나면서 수증기를 공급하겠죠? 그럼 물방울 크기는 작아지고 반대로 빙정은 점점 커지는 것이에요. 구름을 이렇게 어렵게 배워야 하냐구요? 다~ 배워 놓으면 좋답니다. 고등학교 올라가도 이 정도 내용으로 어떤 문제도 풀 수 있다고 선생님은 자신 있게 이야기할 수 있어요!

14

별의 색깔은 검은 선으로
정해진다?!

여러분, 지금 만약 밤이라면 하늘을 우러러 볼까요? 별을 색깔별로 분류할 수 있나요? 몇 그룹으로 분류할 수 있나요? 3그룹? 4그룹? 별을 연구하는 과학자들이 아주 자세히 연구하여 7개 그룹으로 나누었어요. 물론 현재에는 7개 그룹에 몇 개 그룹을 더 추가하여 나누었지만요. 우리는 가장 보편적으로 나누는 별의 색깔에 대하여 배워 보도록 해요. 천문학 부분은 다소 어려울 수 있으니 꼭 배우고 난 뒤 복습하고 여러분이 스스로 자료를 더 찾아봐야 해요. 그렇게 해야 진짜 자신의 공부를 할 수 있어요. 그럼 시작해 볼까요?

1) 스펙트럼

우선, 별의 색깔은 검은 선으로 정해진다는 이상한 제목을 선생님이 말했는데요, 무슨 말일까요? 검은 선의 정체가 궁금하지 않나요? 그럼 스펙트럼에 대하여 먼저 공부해야 합니다.

스펙트럼이란 흔히 빛을 프리즘 등의 도구로 색깔에 따라 분해된 것을 말합니다. 스펙트럼의 종류에는 연속 스펙트럼, 흡수 스펙트럼, 방출 스펙트럼이 있습니다.

- **연속 스펙트럼**: 흑체가 모든 파장에 걸쳐 복사 에너지를 방출함. 백열전구의 빛을 프리즘에 통과시켰을 때 무지개처럼 연속적인 색의 띠가 나타남.
- **흡수 스펙트럼**: 흡수선이 나타나는 스펙트럼. 별의 대기에 존재하는 저온의 기체가 별이 방출하는 빛 중 특정 파장의 빛을 흡수함.
- **방출 스펙트럼**: 방출선이 나타나는 스펙트럼. 고온의 특정 기체가 방출하는 불연속적인 파장의 빛이 밝게 나타남.

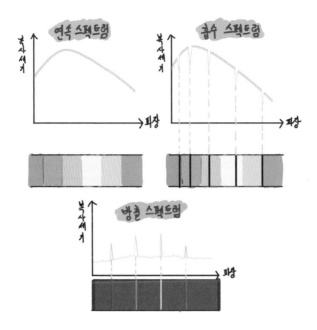

　위 그림은 선생님이 스펙트럼을 나타낸 것이에요. 보통 태양과 별 또는 은하와 같은 천체의 별빛을 모아 분광기로 본다면 연속스펙트럼이 나올 것이에요. 하지만 더 자세히 눈을 크게 뜨고 본다면 검은 선들이 발견돼요. 이 검은 선은 위에서도 이야기했지만 흡수선이라고 해요. 이 흡수선이 별의 색깔마다 다르다는 것이에요. 거꾸로 이야기하면 흡수선이 어떤 파장에 있는지에 따라 별의 색깔을 분류할 수 있다는 것이죠. 그럼 흡수선은 어떻게 형성될까요?

2) 별의 흡수 스펙트럼이 형성되는 원리

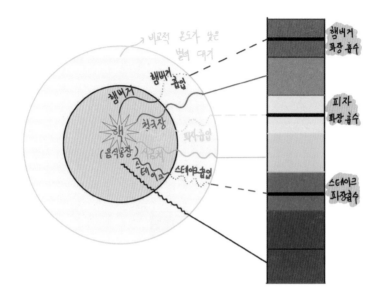

뜬금없이 햄버거, 청국장, 피자, 시금치, 스테이크, 가지 등 먹을 것이 왜 이렇게 생뚱맞게 나왔을까요? 지금부터 별의 흡수 스펙트럼이 형성되는 원리를 설명할게요.

별의 중심 부분을 음식 공장이라고 생각해 봅시다. 음식 공장에서는 다양한 파장을 가짐 음식들을 만들어 내겠죠? 파장이 긴 햄버거부터 파장이 짧은 가지까지. 우리 식탁(지구)에 모든 파장의 음식이 다 왔으면 좋겠지만 아쉽게도 비교적 온도가 낮은 별의 대기를 통과한 뒤 우리 식탁(지구)에 음식이 놓입니다. 별의 대기도 배가 고프지 않을까요? 자신의 입맛대로 골라 먹는답니다. 별의 대기는 햄버거, 피자, 스테이크를 흡입

했군요. 그럼 우리 식탁(지구)에는 햄버거, 피자, 스테이크는 없을 것이에요. 비유가 좀 괜찮았나요? 즉, 햄버거로 비유했던 붉은색 파장, 피자로 비유했던 노란색 파장, 스테이크로 비유했던 파란색 파장은 스펙트럼에 나타나지 않거나 세기가 아주 약하기 때문에 검게 보이게 됩니다. 이것이 바로 흡수선입니다. 그렇다면 흡수선이 생기는 정확한 원리를 살펴볼까요?

별의 중심 부분에서 모든 파장의 에너지가 방출되겠죠? 만약 별의 대기가 없었더라면 우리는 연속스펙트럼을 관측할 수 있겠죠? 하지만 상대적으로 온도가 낮은 별의 대기를 통과하면서 흡수선이 생깁니다. 별의 대기에서 가장 많이 차지하는 원자가 수소입니다. 그럼 수소가 어떤 특별한 파장을 흡수한다는 것이겠죠?

만약 여러분들 에너지가 넘치면 어떻게 하나요? 아주 방방 뛰면서 에너지를 소모하죠? 원자들도 마찬가지입니다. 에너지를 받으면 원자핵에 가까이 있었던 전자가 이온이 되기 위해 한 단계, 두 단계, 세 단계 멀어집니다. 한 단계 멀어질 때 필요한 에너지를 흡수(햄버거 파장), 두 단계 멀어질 때 필요한 에너지를 흡수(피자 파장), 세 단계 멀어질 때 필요한 에너지를 흡수(스테이크 파장)하면서 수소 흡수선도 여러 개가 생기는 것이에요. 그림을 볼까요?

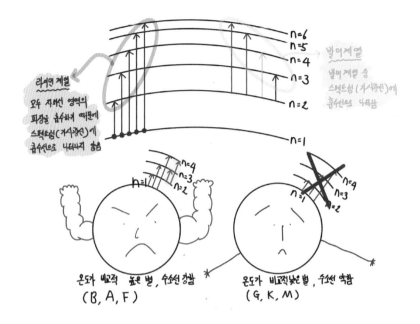

사실 이 부분은 여러분이 이해하기 어려운 내용이에요. 물론 쉽게 이해할 수 있는 친구들도 있지만요. 이 그림으로 한 번에 이해할 수 없을 것이에요. 꼭 지구과학뿐만 아니라 화학도 같이 공부해 보면 이것이 바로 여러분이 고등학교 1학년 때 배우는 통합과학 아닐까요?^^

그림이 조금 복잡한가요? 지구과학 내용뿐만 아니라 화학 이야기도 나오니깐 머리가 아프군요? 친절하게 설명해 볼게요. 수소는 핵(양성자 1개)과 전자 1개로 이루어져 있는 원소입니다. n은 이온화가 되기 위한 계단이라고 생각해 볼게요. 특별한 에너지 흡수가 없으면 보통 전자는 n=1 상태입니다.

온도가 높은 별은 중심에서 모든 파장에 대한 에너지를 대기로 전달합니다. 대기에는 수소가 많다고 했죠? n=1에 있던 전자가 한 단계 더 계단을 오르기 위해서 필요한 에너지(파장)를 흡수하여 n=2로 이동합니다. 만약 n=1에서 두 단계 더 계단을 오르기 위해서는 더 큰 에너지(더 짧은 파장)를 흡수하면 됩니다. 이런 것을 전자가 들떴다고 표현합니다. 전자가 들뜨기 위해 필요한 에너지를 흡수한 만큼 스펙트럼에는 검은 선으로 나타나겠죠? 그런데 n=1에 있을 때는 그림에서 알 수 있듯이 전부 자외선 영역의 파장을 흡수하기 때문에 우리가 관측하는 스펙트럼(가시광선)과 상관이 없어요. 그럼 스펙트럼(가시광선)에 새겨진 흡수선은 무엇일까요? 답이 그림에 있죠? n=2 상태입니다. 온도가 높은 별들은 n=1에서 n=2 상태로 많은 전자들을 들뜨게 한답니다. n=2 상태에 있는 전자가 n=3, n=4, n=5, n=6으로 갈 때 필요한 에너지가 바로바로 스펙트럼 영역에 있는 가시광선입니다. 정확한 수치는 그림을 참고하면 되겠죠?

하지만 모두 수소 흡수선이 강하게 나타날까요? 아닙니다. 온도가 비교적 높은 B, A, F형 별들은 수소 흡수선이 강하게 나타나지만 온도가 비교적 낮은 G, K, M형 별들은 수소 흡수선이 약하게 또는 나타나지 않습니다. 왜냐하면 온도가 낮은 별들은 수소 전자를 n=1에서 n=2로 들뜨게 할 에너지가 없기 때문입니다. 이제 여러분들은 스펙트럼의 기본에 대하여 배웠습니다. 여기까지 이해한다면 여러분들은 정말 대단합니다. 스스로 칭찬해 주세요.

'앗. 잠깐만요. 선생님. 도대체 B, A, F, G, K, M형 별이 도대체 무엇인가요?'라고 질문하는 학생들 있죠? 해결해 드리겠습니다. 다음 그림과 표를 살펴봅시다.

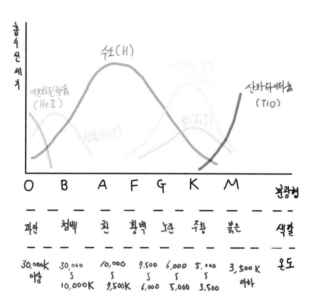

별의 스펙트럼이 모두 똑같이 나타나는 것은 아니에요. 별마다 스펙트럼이 달라요. 정확하게 이야기하자면 흡수선이 별마다 조금씩 다르게 나타난다는 뜻이에요. 우선 정리부터 해 볼게요.

원소	이온화 에너지 (kJ/mol)	흡수선 특징	→	흡수선에 필요한 온도 (이론)	→	온도에 따른 별의 이론적 색깔	→	분광형
HeⅡ	5250.5	수소, 헬륨Ⅱ, 헬륨Ⅰ		30,000K 이상		파란색		O형
HeⅠ	2372.3	수소, 헬륨Ⅰ		30,000 ~10,000K		청백색		B형
H	1312.0	수소선 제일 강함, CaⅡ		10,000 ~7,500K		흰색		A형
CaⅡ	1145.4	수소선 다소 약해짐, Fe, Mg		7,500 ~6,000K		황백색		F형
Fe	762.5	수소선 더 약해짐, Na		6,000 ~5,000K		노란색		G형
Mg	737.7	금속선이 강해짐, 분자선 나타남		5,000 ~3,500K		주황색		K형
Na	495.8	분자선이 강함		3,500K 이하		붉은색		M
분자	더 낮은 에너지							

물론 그림 옆 표에는 이온화 에너지가 표시되어 있습니다. 이온화 에너지라는 것은 원자를 구성하고 있는 원자핵과 전자 중 전자를 떼어낼 때 필요한 에너지랍니다. 비교해 보세요. 이온화 에너지 순으로 보면 He Ⅱ(헬륨은 전자 2개를 가질 수 있죠? 온도가 높은 별은 헬륨 전자 1개를 떼어 놓을 수 있지만 온도가 더욱더 높아지면 나머지 헬륨 전자 1개를 떼어 놓을 수 있습니다. 두 번째 전자를 떼어 낼 때를 He Ⅱ로 표시한답니다), He Ⅰ, H, Ca Ⅱ, Fe, Mg, Na, 분자선 순입니다. 딱! 감이 오지 않나요? 앞에서 배운 것과 연결시킬 수 있나요? 온도가 높은 별은 높은 에너지가 필요한 헬륨, 수소 등을 들뜨게 할 수 있고 온도가 낮은 별은 에너지가 적

기 때문에 수소, 헬륨 등을 들뜨게 하지 못하고 금속, 분자들을 들뜨게 할 수 있습니다. 따라서 온도에 따라 대기 중 원소가 들뜸 상태에 있는 정도가 다르기 때문입니다. 다소 어려운 내용이었습니다. 정리하면 별의 스펙트럼을 분석하여 분광형을 결정하면 분광형에 따른 온도가 결정됩니다. 즉, 별의 스펙트럼으로 그 별의 온도(대기)를 추정할 수 있습니다. 솔직히 오늘 배운 내용은 조금 어려웠죠? 중학교 과정에만 있는 내용으로만 하려고 했지만 여러분이 이 책을 읽을 정도면 공부를 꽤 잘하고 관심이 있는 친구들이라고 생각하고 수준을 높여 배워 보았어요.

정리를 하면 별의 온도에 따라 흡수선이 정해지고, 이 흡수선을 분석하여 별의 색깔을 결정한답니다.

앞으로 배우는 것들도 수준이 상당히 높아요. 하지만 도전할 수 있죠?

15

외계인이 살고 있는
외계행성 탐사

지금 이 순간에 지구라는 외계행성을 발견하고 기뻐하는 외계인이 존재하지 않을까요? 지구라는 행성은 물이 존재할 수 있을 가능성이 높기 때문에 외계생명체가 살고 있다면서 외계행성에 살고 있는 외계인들이 흥분을 감추지 못 하는 상상해 본 적 있나요? 선생님은 지구과학을 공부하고 가르치고 있지만 외계인이 있을 것이라고 믿습니다. 왜냐하면 우리도 외계생명체니까요. ^^ 이상한 이야기는 여기서 그만 접고 본격적으로 외계행성 탐사에 대하여 이야기해 볼게요.

여러분, 2019년 노벨물리학상은 누가 수상했나요? 제임스 피블스, 미셸 마요르, 디디에 켈로즈입니다. 제임스 피블스는 우주가 어떻게 진화했는지에 대한 인간의 이해를 풍부하게 넓혔습니다. 그럼 미셸 마요르와 디디에 켈로즈는 어떤 공로로 노벨물리학상을 수상했을까요? 바로 오늘 공부하게 될 외계행성을 처음으로 발견하고 태양계 바깥에도 생명체가 존재하는지에 대한 궁극의 질문을 던져 많은 관심을 불러일으킨 공로로 받게 되었습니다. 그럼 마요르와 켈로즈 교수는 어떻게 외계행성을 발견했을까요? 오늘은 외계행성 탐사 방법 세 가지를 배워 보도록 하겠습니다. 그중 마요르와 켈로즈 교수가 이용했던 방법이 있습니다! 어떤 방법인지 너무 궁금하지 않나요? 그럼 지금부터 외계행성 탐사 방법 Go!Go!Go!

1) 방법 하나: 천문학에서 자주 등장하는 도플러 효과

첫 번째 방법은 도플러 효과를 이용한 중심별의 시선 속도 변화입니다. 바로 이 방법으로 마요르와 켈로즈 교수가 외계행성을 간접적으로 발견했습니다. 간접적 발견? 네! 직접적으로 발견하는 것은 망원경으로 관측하여 측광관측이 가능한 것이어야 하지만 별도 멀리 있어 점처럼 보이는데 행성은 당연히 보이지 않겠죠? 그래서 간접적 발견이라고 하는 것입니다. 만약 어떤 별을 지속적으로 관찰하여 스펙트럼을 분석해 보면 시간에 따라 별의 흡수 스펙트럼 파장이 길어지는 적색편이가 나타나다가 다시 스펙트럼 파장이 짧아지는 청색편이가 나타날 때가 있습니다. 그럼 분명히 관측하고 있는 별이 움직임이 있다는 이야기겠죠? 별이 움직일 수가 있을까요? 네! 당연히 있습니다. 가능합니다.

만약 목성과 같이 큰 질량의 행성을 가진 별이라면 별은 목성 정도의 질량을 가진 행성을 무시하지 못한답니다.

선생님과 앞에서 조석이라는 개념을 배우면서 공부했죠? 생각나지 않으면 다시 복습해요! 비슷한 예로 공부해 보아요. 선생님이 개미와 재미 있게 놀기 위하여 개미를 실에 묶어 제자리에서 한 바퀴 자전할게요. 개 미의 질량을 선생님 질량에 대하여 거의 무시할 수 있기 때문에 선생님 한테 무게 중심이 딱 잡혀 있어서 쉽게 자전할 수 있겠죠? 그런데 만약 볼 링공을 실에 묶어 제자리에서 한 바퀴 자전할게요. 자전한다면 선생님 몸이 비틀비틀하겠죠? 선생님의 몸뿐만 아니라 볼링공도 선생님이 비틀 거리니 당연 비틀비틀하면서 한 바퀴 공전하겠죠? 즉, 선생님 몸(별)과 볼링공(행성) 사이 어떤 점(공통질량중심)을 중심으로 서로 공전하고 있 습니다. 다음 그림을 살펴봅시다.

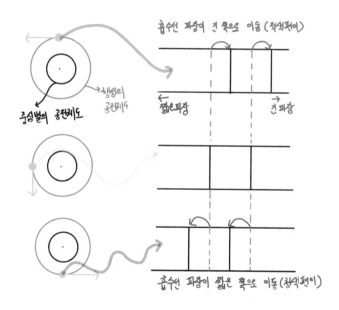

관측자로부터 중심별이 멀어지는 경우는 적색편이가 시선 방향에 대

하여 수직인 경우는 정지 파장으로 관측자로부터 중심별이 가까워지는 경우는 청색편이가 일어나겠죠? 즉, 이런 스펙트럼의 적색편이와 청색편이의 주기적인 관측 결과로 중심별이 공전한다는 결론을 도출할 수 있고 공전은 질량이 큰 행성 때문이라는 것을 알았답니다.

그런데 이 방법은 조건이 있습니다.

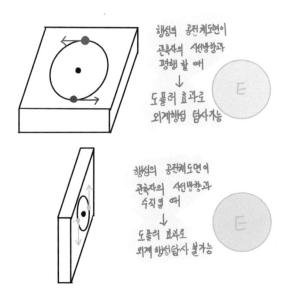

두 가지 경우 중 **행성의 공전 궤도면이 관측자의 시선 방향과 평행을 이룰 때 쉽게 적용할 수 있는 방법입니다.** 만약 행성의 공전 궤도면이 관측자의 시선 방향과 수직일 때는 가까워지거나 멀어지지 않고 공전하기 때문에 도플러 효과가 전혀 없기 때문이죠.

재미있죠?

2) 방법 둘: 별이 행성에 의해 가려진다

두 번째 방법으로 가 봅시다. **두 번째 방법은 식 현상을 이용하는 것입
니다.** 만약 중심별 주위를 공전하는 외계행성은 일정한 공전 주기를 가
진 채 중심별 앞을 지나가게 되겠죠? 그럼 중심별의 밝기가 주기적으로
변하게 됩니다. 즉, 이 현상을 이용하여 외계행성의 존재를 추정할 수 있
습니다. 와~ 너무 신기하지 않나요? 두 번째 방법의 단점은 행성의 공전
궤도면이 지구 관측자의 시선 방향과 거의 나란한 경우에만 사용할 수
있습니다. 조금이라도 기울어져 있어 식 현상이 나타나지 않으면 사용할
수 없는 것이죠. 그런데 이 방법의 장점은 외계행성의 반지름과 대기 성
분을 추정할 수 있다는 것입니다. 어떻게 알 수 있냐구요?

① 외계행성 반지름 추정

밝기 차를 이용하여 외계행
성의 반지름 r을 구할 수 있습니
다. 외계행성이 지나가기 전(외
계행성 중심이 a에 놓이기 전)
순수한 중심별의 밝기가 측정
될 것이에요. 그런데 a에서 b로
이동하는 동안 서서히 중심별
의 밝기가 줄어들면서 b에서 c
까지 가장 어두운 밝기를 가집
니다. 왜냐하면 행성의 면적(π

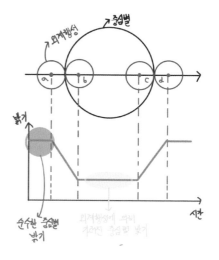

r2)만큼 가려진 채로 중심별의 밝기가 측정되기 때문입니다. 여러분, 책 덮지 마세요. 밝기 공식을 이용한 정확한 계산은 안 할게요. 원리만 알아두세요.

② 외계행성 대기성분 추정

우리가 배운 부분을 응용해 볼 수 있는 좋은 기회입니다. 흡수선 생각나죠? 만약 중심별과 관측자 사이에 외계행성이 놓이지 않는다면 중심별 흡수 스펙트럼이 아래와 같이 나타난다고 가정해 보겠습니다. 그런데 외계행성이 중심별을 공전하기 때문에 중심별과 지구 사이에 놓일 경우가 있습니다. 그럼 외계행성의 대기를 통과하게 된 빛

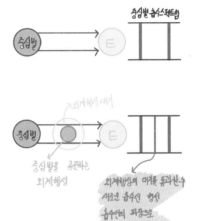

이 관측자에게 도달하겠죠? 아니 왜 중심별 흡수 스펙트럼이 다르죠? 흡수선 하나가 더 생겼습니다. 누구 때문일까요? 맞습니다. 우리가 앞에서 열심히 스펙트럼에 대하여 배웠죠? 온도가 낮은 외계행성 대기를 구성하는 원소들 때문이겠죠? 새롭게 생긴 흡수선 파장을 분석하면 어떤 원소인지 알 수 있답니다.

3) 방법 셋: 내가 알고 있던 렌즈가 아닌 중력 렌즈?

마지막으로 중력 렌즈 현상을 이용한 외계행성 탐사 방법입니다. 중력 렌즈 현상은 암흑 물질의 증거 중 하나로 교과서나 참고서에 설명이 되어 있습니다. 선생님은 간단하게 그림으로 설명해 볼게요. 그리고 이 방법으로 외계행성을 어떻게 발견할 수 있는지도 같이 살펴보도록 합시다.

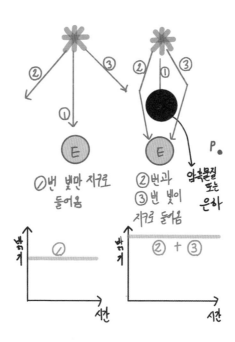

중력 렌즈 현상을 간단하게 그림으로 나타낸 것입니다. 만약 별과 관측자 사이에 어떤 것도 없다면 ① 빛이 관측자에게 들어오겠죠? 그런데 별과 관측자 사이에 눈에 보이지 않는 암흑 물질이나 질량이 큰 은하가

있다면 ① 빛은 관측자에 도달할 수 없지만 ② 빛과 ③ 빛은 엄청난 질량을 가진 암흑 물질이나 은하의 중력에 의해 휘어져 관측자에게 도달할 수 있겠죠? ① 빛만 관측자에게 도달할 때의 밝기와 ② 빛+③ 빛이 관측자에게 도달할 때 밝기를 상대적으로 비교해 보았습니다. 중력 렌즈 효과로 밝기가 더 밝아졌습니다.

이제 적용을 해 봅시다.

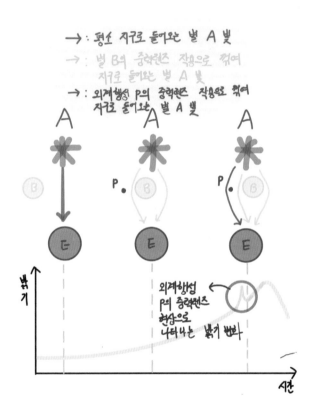

별 A의 밝기를 측정하고 있습니다. 관측자와 별 A 사이에 외계행성 P

를 거느린 별 B가 다가오고 있습니다. 별 B가 별 A와 관측자 사이에 놓였습니다. 미세하지만 중력 렌즈 효과가 나타납니다. 별의 밝기가 밝아지겠죠? 그러다 어느 순간 별 A와 관측자 사이에 별 B와 외계행성 P가 놓인다면 미세 중력 렌즈 효과가 더 많이 나타나겠죠? **별 B에 의한 중력 렌즈 효과+외계행성 P에 의한 중력 렌즈 효과가 동시에 나타나며 위로 뾰족하게 튀어 오르는 밝기 변화를 보입니다.** 위 오른쪽 그림에도 나타나 있죠? 별 B와 외계행성 P가 관측자와 별 A 사이에서 없어지면 다시 별의 밝기는 감소하게 될 것입니다. 어렵게 느껴졌던 외계행성 탐사 방법, 선생님과 공부하니까 쉽지 않나요?

16

세상 모든 것은 흔적을 남긴다 I:
우주 배경 복사 편

여러분, 나는 이곳에 어떻게 존재할 수 있었죠? 부모님 때문이라구요? 그럼 우리 부모님은요? 내가 있는 지구는요? 정답은 원소들의 합성입니다. 그럼 원소들은 어떻게 형성되었나요? 우리가 배우지는 않겠지만 별에서 합성됩니다. 별은 대부분 수소와 헬륨으로 구성되어 있습니다. 수소와 헬륨은 또 어떻게 형성되었나요? 현재 해석은 이렇습니다. 우주가 초기에 아주 뜨겁고 무한한 질량을 가진 한 점이 폭발하여 점차 식으면서 다양한 입자들을 형성하고 이런 입자들이 수소와 헬륨을 만들었다는 것입니다. 휴~ 질문에 질문을 하다 보니 우주의 시작까지 왔군요. 하지만 우주가 팽창했다는 증거는 무엇일까요? 물론 중학교 과정에서 풍선으로 우주 팽창을 실험하는 것이 있는데 그 부분은 학교 수업시간에 열심히 배우면 충분히 이해할 수 있을 것이에요. 많은 증거가 있지만 교과서나 참고서에는 **우주 배경 복사(Cosmic Background Radiation)**가 예로 소개되어 있습니다. 중학교 책에는 없지만 고등학교 책에는 한 군데도 우주 배경 복사가 없는 곳이 없답니다. 귀에 딱지가 앉도록 들었던 우주 배경 복사의 발견과 역사를 배워 보기 위하여 과거로 떠나 봅시다! Go! Go! Go! 떠나기 전 선생님과 같이 공부하다가 단어가 어렵거나 이해가 되지 않는 부분은 어떻게 해야 할까요? 맞습니다! 스스로 찾아보는 방법이 자신만의 공부라고 했죠?

1964년 아노 펜지어스와 로버트 윌슨이 최초로 7.35㎝(4,080㎒) 파장이 하늘의 모든 방향에서 같은 세기로 관측된다는 사실을 발견하였습니다. 물론 그 과정에서 웃긴 에피소드도 있어요.(새 똥을 열심히 치우는 등) 여기서 하늘의 모든 방향이라는 뜻은 특정 방향이 없고 온 우주 모든 곳에서 관측된다는 뜻입니다. 그런데 신기하게도 이 파장이 방출하는 에너지 세기가 하늘의 모든 방향에서 똑같은 세기를 가진다는 뜻입니다. 하지만 더 놀라운 사실은 어떤 것일까요? 7.35㎝ 파장이 방출하는 에너지의 세기는 마치 2.7K 온도를 가진 흑체가 방출하는(7.35㎝ 파장에서) 에너지와 똑같다는 사실입니다. 와~ 너무 놀랍지 않나요? 이론적으로 예상했던 우주의 현재 온도인 2.7K가 사실로 밝혀지는 순간이었던 것이에요.

여기서 K는 온도 단위예요. 절대 온도에 사용되는 단위예요. 그럼 우리가 잘 사용하는 ℃와 어떤 관계를 가질까요?

섭씨 온도(℃)+273.15=절대 온도(K)

말로. 설명하기 어려우니깐 그림으로 쉽게 설명해 볼게요. 우선 38만 년 전 우주(3,000K)로부터 현재(2.7K)까지 우주를 나타낸 그림입니다.

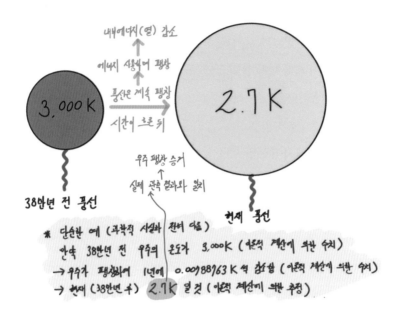

전혀 과학적인 근거가 없는 온도 감소율이에요. 이해를 쉽게 하기 위하여 비유한 것이에요. 즉, 위 그림에서 이야기하고 싶은 것은 우주가 팽창한 결과 현재 이론적으로 계산하면 우주의 온도는 2.7K가 되어야 한다는 것이에요. 관측되는 값과 이론적 계산에 의한 값이 같다면 신빙성 있는 증거 아닐까요?

분명히 2.7K 우주가 방출하는 파장은 많을 것이에요. 이 문장이 어려울 수 있는데 선생님과 지난 시간에 배웠던 스펙트럼을 한번 떠올려 볼까요? 연속스펙트럼 기억나요? 가로축은 파장이라고 되어 있어요. 즉, 어떤 천체가 그 온도에서 방출할 수 있는 에너지가 파장에 따라 달랐습니다. 정리하자면 어떤 온도를 가진 천체가 방출할 수 있는 에너지는 다양한 파장에서 방출될 수 있다는 뜻을 이야기해요. 그래도 아직 어려운가요? 그럼 이런 비유는 어떨까요? 태양은 0.1㎛, 0.2㎛, 0.6㎛, 0.3㎝, 4㎝, 8㎝, 10㎝ 등 다양한 파장을 가진 빛이 나오는 것이죠. 그럼 2.7K 온도를 가진 천체도 당연히 다양한 파장에서 빛을 방출하고 있겠죠? 하지만 우리 눈에는 보이지 않아요. 왜냐하면 온도가 아주 낮기 때문에 가시광선 영역에서는 에너지가 방출되지 않기 때문이죠. (아니면 너무 약하기 때문에 우리가 인지하지 못하는 것일 수도 있죠.) 교과서나 참고서에 7.35㎝ 파장이 자주 등장합니다. 그런데 왜 하필 7.35㎝ 파장이 쉽게 관측이 되느냐?

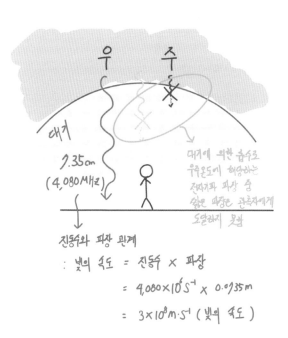

위 그림으로 이해되었나요? 파장이 짧은 부분은 지구 대기에 의해 흡수가 되어 아쉽게도 지표에서 관측할 때는 도달하지 않아요. 그런데 **긴 파장인 7.35㎝ 파장은 대기를 통과하여 관측자에게 도달하기 때문에 비교적 쉽게 측정할 수 있었습니다.** 하늘 어디서든 7.35㎝ 파장을 관측할 수 있었고 그 세기 역시 같았습니다. 위에서도 간단하게 설명하였지만 관측된 세기는 2.7K 흑체 플랑크곡선에서 7.35㎝ 파장이 방출하는 에너지 세기와 똑같았습니다.

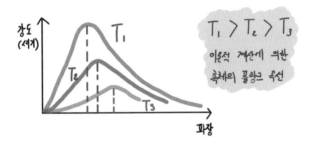

우선 플랑크 곡선을 간단하게 소개하면 0K 이상인 흑체는 파장에 따라 에너지 방출 정도가 다릅니다. **파장에 따라 에너지 세기를 그래프로 나타낸 것이 플랑크 곡선입니다.** 이 플랑크 곡선은 온도에 따라 결정됩니다. 온도가 높을수록 흑체가 방출하는 총 에너지는 커집니다.

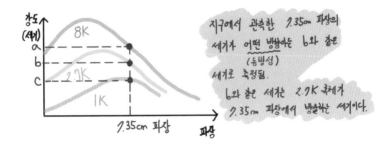

위 그림은 8K, 2.7K, 1K 플랑크 곡선을 아주 못 그린 그림입니다. 지구에서 관측한 7.35㎝ 파장의 세기가 이론적 2.7K 흑체 플랑크 곡선과 딱 맞아떨어집니다. 즉, 우주의 온도가 지금은 식어 2.7K라는 것을 보여 주는 직접적인 증거가 됩니다. 이 증거로 정상 우주론이 폐기가 되었습니다. 그런데 여러분, 조금 아쉽지 않나요? 7.35㎝ 파장 이외 여러 파장이 방출하는 에너지 세기를 관측하고 그 세기가 이론적 2.7K 흑체 플랑크 곡선과 딱 맞아떨어진다면 확실한 증거가 되지 않을까요? 특히 λ_{MAX}에서 방출하는 에너지 세기를 관측한다면 더할 나위 없이 좋은 증거가 되겠죠?

그런데 문제는 지구 대기랍니다. 지구 대기에 의해 비교적 짧은 파장은 지구로 도달하지 못해요. 그럼 어떻게 해야 할까요? 그렇죠. 대기가 없는 우주 공간에서 측정하면 되겠군요? '에이, 선생님. 말도 안 되는 소리 하지 마세요.' 과연 그럴까요?

NASA에서 인공위성을 이용하여 우주 배경 복사를 관측하려는 계획을 세웠고 결국 탐사선(COBE)으로 대기 밖 우주에서 우주 배경 복사를 관측하였습니다. 놀랍다. 놀라워.

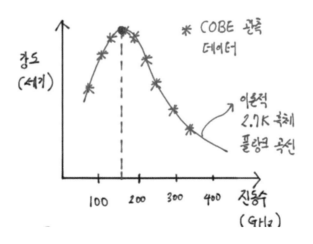

COBE 관측 데이터와 이론적 2.7K 흑체 플랑크 곡선이 이보다 더 완벽하게 맞아떨어질 수 있을까요? 드디어 확실한 우주 팽창의 증거가 되었습니다.

COBE가 수행한 결과 중 우주 배경 복사를 측정한 것도 중요하지만 더 중요한 것이 있습니다. 바로 비등방성입니다. 비등방성은 등방하지 않다는 것입니다. 등방이라는 것은 우주 공간에 특별한 부분 없이 모든 영역에서 관측된다는 것입니다. 그림을 볼까요?

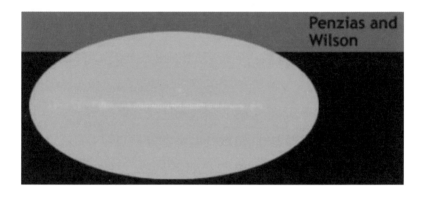

온 우주가 초록색이죠? 저 초록색이 모두 2.7K 흑체라고 생각하셔도 됩니다. 어때요? 온 우주에 등방하죠? 그런데 이 사실을 걱정하는 과학자들도 있습니다. 입자가 형성되고 별, 은하 등이 탄생하려면 저렇게 등방성을 가진다면, 중력으로 물질이 뭉치기가 어렵기 때문에 현재 별, 은하가 탄생할 수 없기 때문입니다. 즉, 비등방성을 가져야 한다는 뜻이죠. 어떤 부분은 밀도가 높고, 어떤 부분은 밀도가 낮은 부분이 관측되어야 한다는 뜻입니다. 밀도는 온도와 관련된 함수이기 때문에 온 우주가 2.7K로 똑같기보다는 조금이나마 차이가 있어야 한다는 뜻입니다. 아주 미세하기 때문에 1960년대의 관측 기술로는 역부족이었어요. 그런데 시간이 지나 그 어려운 것은 COBE가 해냈답니다. COBE 관측 자료를 볼까요?

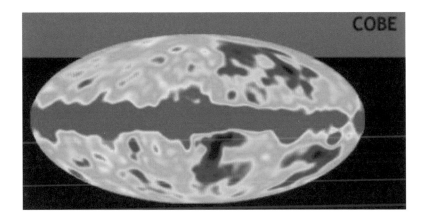

어때요? 등방하지 않죠? 붉은색 부분은 2.7K보다 약간 온도가 높은 부분, 파란색 부분은 2.7K보다 약간 온도가 낮은 부분입니다. 즉, 온도의 비등방성이 밀도의 비등방성을 의미하고 밀도의 비등방성은 결국 밀도가 높은 부분으로 중력이 쉽게 작용할 수 있기 때문에 현재 별, 은하 등을 만들 수 있는 것이죠. 물론 관측 기술이 더 좋아진 현재는 10만 분의 1K의 차이를 구분해 낼 수 있답니다.

　우주 배경 복사에 대하여 짧게 설명하려고 했는데 어찌 하다 보니 긴 시간이 소요되었군요. 제목처럼 모든 것은 흔적을 남기는 것이죠. 그렇기 때문에 여러분의 말, 행동 등은 누군가가 지켜보고 시간이 지난 뒤에는 누군가에는 흔적으로 남아 있겠죠? 긴 시간이 소요된 만큼 여러분이 의미 있는 시간을 가졌으면 해요.

17

세상 모든 것은 흔적을 남긴다 II: 화석 편

여러분, '세상 모든 것은 흔적을 남긴다'의 두 번째 시간입니다. 우주 배경 복사를 공부하다 보니 선생님이 문득 '이번에는 우주가 아닌 지구의 지질 역사 속의 흔적을 공부해 보는 것은 어떨까?'라고 생각해 보았어요. 이 시간에는 열심히 공부하는 것보다는 화석을 감상하는 시간이었으면 좋겠어요. 물론 아주 기본적인 지식은 배워야겠죠? 바로~ 지질시대입니다. 우리가 역사시간에 역사시대라고 이야기하는 것은 문자로 기록되어 문헌상으로 내용을 파악할 수 있는 시대를 말해요. 그럼 지질시대는요? 지구가 형성이 되는 순간부터 지질시대가 시작되었다고 생각해도 될 것 같아요. 아주 오랜 역사를 지니고 있는 지구도 분명 흔적을 남기겠죠? 세상 모든 것은 흔적을 남긴다고 선생님이 말했잖아요.

우선 지질시대를 연도별로 구분해 볼게요.

지질시대			연대
신생대	제4기	현세	1만 2천 년 전
		플라이스토세	2백 60만 년 전
	네오기	플라이오세	5백 30만 년 전
		마이오세	2천 300만 년 전
	팔레오기	올리고세	3천 400만 년 전
		에오세	5천 600만 년 전
		팔레오세	6천 600만 년 전
중생대		백악기	1억 4천만 년 전
		쥐라기	2억 년 전
		트라이아이스기	2억 5천만 년 전
고생대		페름기	3억 년 전
		석탄기	3억 6천만 년 전
		데본기	4억 2천만 년 전
		실루리아기	4억 4천만 년 전
		오르도비스기	4억 8천만 년 전
		캄브리아기	5억 4천만 년 전
선캄브리아누대		신원생대	10억 년 전
		중원생대	16억 년 전
		고원생대	25억 년 전
		시생대	

1) 선캄브리아누대 화석

자, 그럼 선캄브리아누대 화석부터 떠나 보도록 해요. 떠나기 전 선캄브리아누대 화석에 대하여 간단하게 소개하고 갈게요.

선캄브리아누대 화석 특징

선캄브리아는 지구 전체 역사의 87%를 차지하는 긴 시간으로 시생누대와 원생누대로 나뉜다. 이 시대의 화석이 드문 이유는 생물종의 개체 수가 적고, 화석으로 보존될 만한 단단한 뼈나 껍질을 가진 생물들이 거의 살지 않았으며, 긴 시간을 거치며 여러 번의 지각 변동으로 인해 대부분 파괴되었기 때문이다. 시생누대 초기에 출현한 남조세균이 스트로마톨라이트를 형성하며 광합성 활동을 한 결과 배출한 산소가 지구환경을 변화시켰다. 원생누대 말기에는 해면동물, 강장동물, 절지동물 등의 다세포 생물이 나타났으며 이들은 에디아카라 화석군으로 발견된다. 호주 남서부의 에디아카라에서 처음 발견된 이후 시베리아, 중국, 아프리카, 캐나다에서도 발견되었다. 산호, 환형동물, 해파리 등 단단한 골격을 갖추지 못한 것들이어서 흔적화석으로 나타난다.

스트로마톨라이트

자포 동물

2) 고생대 화석

고생대 화석 특징

고생대 초기에 '진화의 빅뱅'이라고 표현할 정도로 많은 생물이 폭발적으로 증가하였으며 캄브리아기-오르도비스기-실루리아기-데본기-석탄기-페름기를 거치면서 생태계 변화가 나타났다. 캐나다의 버게스 셰일층에서 발견된 화석들은 캄브리아기 초 해양에 이미 다양한 생물이 진화했음을 보여 준다. 캄브리아기와 오르도비스기에 삼엽충류, 산호류, 필석류 등의 무척추동물이 번성하였다. 최초의 척추동물인 어류는 오르도비스기 중기에 출현하여 데본기에 가장 번성하였다. 아가미 호흡 뿐 아니라 대기호흡이 가능한 경골어류로부터 최초의 사지류인 양서류가 데본기 후기에 출현하였다. 석탄기에는 최초의 파충류가 출현한다. 최초의 육상실물은 약 4억 년 전 실루리아기에 출현하며, 데본기에 겉씨식물이 출현하여 숲이 형성된다. 석탄기에는 특히 인목, 봉인목 등의 양치식물들이 크게 번성하였는데 이것이 현재 전 세계 석탄층의 대부분을 구성한다. 페름기 말에 모든 대륙이 하벼져 판게아가 형성되면서 많은 대륙붕이 사라졌고, 환경 변화와 함께 기후에도 큰 변동이 일어났다. 그 결과 바다와 육지에 생물의 대량 멸종이 발생하여 고생대의 막을 내린다.

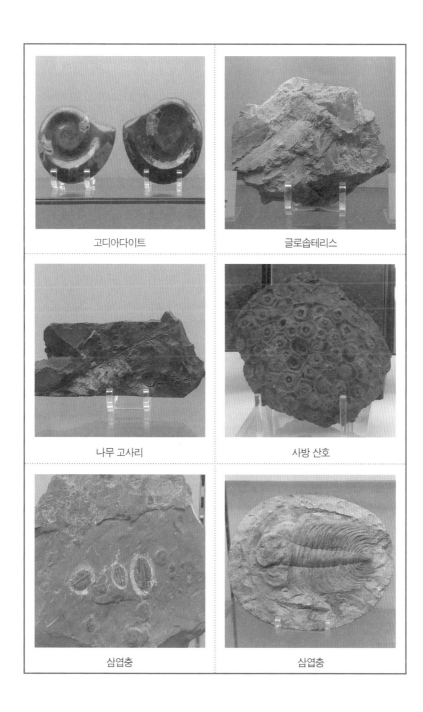

고디아다이트

글로솝테리스

나무 고사리

사방 산호

삼엽충

삼엽충

양치식물

완족류

인목류

직선형 앵무 조개

필석류

해백합

3) 중생대 화석

중생대 화석 특징

중생대는 트라이아스기, 쥐라기, 백악기로 나뉜다. 트라이아스기는 육상에는 소철류, 은행나무 등 겉씨식물이 번성하였으며, 해양에서는 암모나이트, 밸렘나이트, 산호 등과 함께 플랑크톤들이 번성하였다. 육상에서는 다양한 절지동물과 파충류가 급속히 발전하였고, 파충류는 육상뿐 아니라 해양과 하늘까지도 지배하였다. 후기에는 공룡과 포유동물이 출현하였다. 초기의 공룡류는 크기가 작고 날렵하게 움직였으나, 쥐라기 이후에는 몸집이 커졌으며 종류도 다양하였다. 조류는 공룡으로부터 진화한 것으로 추론되며, 최초의 조류인 시조새는 쥐라기 후기에 발견된다. 이 시기에 포유류가 살아남을 수 있었던 요인은 파충류나 공룡류에 비해 비교적 큰 뇌를 가져 환경 변화에 대한 적응력이 컸기 때문인 것으로 보인다. 백악기 말에 중생대 생물이 대량 멸종하였는데 그 원인 중 가장 유력한 것은 운석 충돌설이다. 외계 천체 충돌설을 지지하는 대표적인 증거는 지구상 여러 지역의 백악기와 제3기의 경계에서 발견되는 이리듐(Ir)이다. 이리듐은 지구의 지각에는 매우 희박하고 운석이나 소행성에 흔하게 함유되어 있는 원소이다. 거대 운석 충돌로 인한 대규모 화재, 태양 빛 차단에 의한 기온 하강 등의 환경 변화가 대량 멸종을 야기하였다.

가리비

거북이 분화석

공룡 알 화석

모수석

밸렘 나이트

복족류

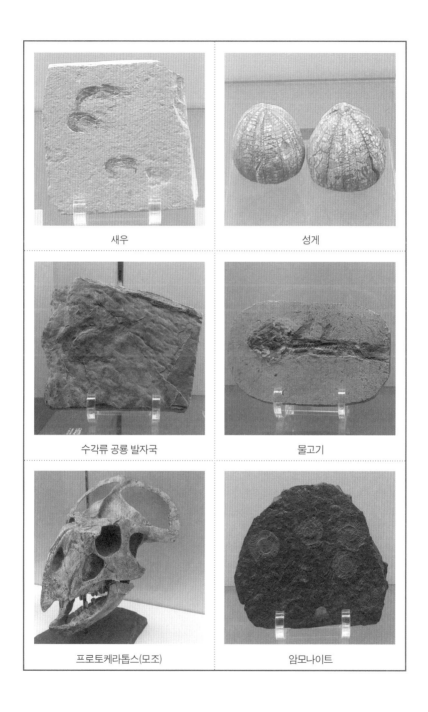

새우

성게

수각류 공룡 발자국

물고기

프로토케라톱스(모조)

암모나이트

4) 신생대 화석

신생대 화석 특징

신생대는 제3기와 제4기로 구분된다. 대부분의 생물이 현재의 형태를 갖춘 시기로, 빙하기와 간빙기의 반복이 비교적 뚜렷이 기록되어 있다. 활엽수인 쌍떡잎식물이 크게 번성하여 속씨식물의 전성기를 이루었다. 현대 새의 구조를 갖춘 시기이며, 특히 날지 못하는 대형 육지새가 번성하였다. 다양한 포유류가 번성하였으며, 매머드, 마스토돈 같은 대형 포유류가 출현하였다. 초기 영장류들의 화석은 주로 치아와 두개골이나 깨진 뼈로 이루어진다. 인류의 직접 조상으로 여겨지는 최초의 인류 화석은 아프리카에서 발견된 오스트랄로피테쿠스로 이들은 직립보행을 하였으며, 원시적인 도구를 사용하였다. 보다 명확한 인류화석은 인도네시아의 자바에서 발견되어 자바인이라고도 불리는 호모 에렉투스이며 이들은 석기와 불을 사용하였다. 뇌용량과 골격 특징 측면에서 현대인과 유사한 네안데르탈인은 호모 사피엔스로 분류된다. 마지막 대빙하기 이후 매머드, 거미호랑이, 아일랜드뿔사슴, 모아새 등 다양한 동식물들이 멸종하였으며, 현재도 많은 생물들이 멸종 위기를 맞고 있다. 신생대 홀로세인 현재 진행되고 있는 전 지구적인 멸종 현상은 지구역사의 제 6번째 멸종으로 간주되고 있다.

규화목

나뭇잎

| 말 발가락 | 매머드 이빨 |

WOOLLY MAMMOTH HAIR
Mammuthus Primigenius

Pleistocene Period
10,000+ years old
Taimyr, Siberia Russia

| 매머드 털 | 화폐석 |

우리도 언젠가 아주 먼 미래의 또 다른 인류나 다른 종족이 우리의 흔적을 발견하고 이처럼 화석으로 남을 수 있겠죠? 우주의 38만 년 전 흔적부터 지구의 지질시대의 흔적까지 살펴보았습니다. 이제 이 책의 마지막 한 개의 주제만 남아 있네요. 우리 끝까지 열심히 해 보아요.

18

내 몸속에 있는 세균은
내가 어떤 구조로 이루어졌는지 알까?

여러분, 선생님이 재미있는 질문 하나 해 볼게요. 여러분 몸속에는 아주 작은 세균이 있어요. 우리 몸 전체 크기에 비해 아주아주아주 작은 세균은 과연 여러분이 어떤 구조로 이루어져 있는지 알 수 있을까요? 머리, 가슴, 배, 팔, 다리 등 자세한 구조를 알 수 있을까요? 오늘은 어떤 것을 배우려고 이상한 질문을 할까요?

1) 우리나라는 어떤 모습일까요?

여러분, 우리나라가 어떤 모습인지 알고 있죠?

어떻게 알 수 있죠? 물론 고산 김정호 선생님께서 직접 다니면서 지형의 모습을 그릴 수도 있고 지금은 쉽게 인공위성으로 우리나라 모습을 촬영하면 쉽게 알 수 있겠죠? 그럼 만약 여러분이 어떤 방법이라도 좋으니 위 두 방법을 제외하고 다른 방법으로 우리나라 모습을 알기 위해서 한 가지 고안해야 한다면 어떤 방법이 있을까요?

선생님은 갑자기 이런 방법이 떠올랐어요. 우리나라에 사람들이 살고 있기 때문에 사람들이 사는 곳을 빠짐없이 점으로 찍어 본다면 우리나라 모습을 알 수 있지 않을까요? 사람들이 사는 위도와 경도를 알고 있다면 지도 위에 한 점 한 점 찍어 본다면 알 수 있을 것 같아요. 여러분은 어떤 방법을 떠올렸나요?

2) 태양계가 속한 우리 은하

태양계가 속한 우리 은하의 모습을 지구에서 바라보면 어떤 모습일까
요? 보통 은하수라고 표현하죠? 아름다운 은하수의 모습을 살펴보아요.

은하의 중심 부분을 보았을 때 먼지가 많은 검은 부분과 긴 구름과 같
은 뿌옇게 보이는 성간 물질들도 보이나요? 그런데 우리 은하는 막대나

선은하라고 하는데 나선은 보이지가 않군요. 우리가 순간 이동하여 우리 은하를 위에서 바라보면 어떤 모습일까요? 마치 우리가 지표에 있었는데 순간 이동하여 달에서 지구를 보는 것처럼 말이죠. 우리가 순간 이동하여 우리 은하를 위에서 바라본 모습이에요.

너무 다르지 않나요? 그럼 지구인의 기술로 순간 이동하여 우리 은하의 모습을 찍고 온 인공위성이나 로켓이 있을까요? 없겠죠? 선생님과 함께 공부를 시작할 때 내 몸속의 자그마한 세균이 선생님 구조를 어떻게 알 수 있을까? 하고 질문을 했죠? 그럼 우리 은하의 모습은 어떻게 알 수 있었을까요? 직접 본 것도 아니고. 선생님이 힌트를 줬는데 혹시 눈치 못 챘나요? 선생님이 우리나라 모습을 알기 위해서 어떤 방법을 썼죠? 우리나라에 살고 있는 사람들을 점으로 표시해서 대략적인 윤곽을 알 수 있다고 했죠? 그럼 우주를 구성하는 가장 많은 원소가 무엇일까요? 맞습니다! **수소입니다! 즉, 수소의 위치를 파악한 것이죠.** 그런데 수소는 눈에 보이지 않는데 어떡하죠?

그럼, 선생님이 질문해 볼게요. 빛 한 줌 들어오지 않는 아주 깜깜한 곳에서 주변에 사람이 존재하는지 확인하기 위해서 어떤 안경을 쓰면 될까요? 맞아요! 적외선안경입니다. 왜냐하면 사람은 스스로 빛을 낼 수 있을 정도의 에너지를 방출하지 못하기 때문에 아주 긴 파장인 적외선을 방출합니다. 그 적외선을 감지하는 것이죠.

우리 은하에 있는 수소는 대부분 온도가 굉장히 낮습니다. 10K~100K라고 생각하면 될 것 같아요. 그래서 수소는 활발하게 들뜨는 것이 아니라 굉장히 차분한 상태예요. **중성수소상태이죠.** 굉장히 정적인 중성수소요. 그런데 이 온도는 적외선을 방출하기에도 너무 낮은 온도이기 때문에 더 긴 파장(21㎝)을 방출합니다. 바로 전파입니다. 중성수소가 21㎝의 파장을 방출하는 원리는 전자스핀과 에너지 관계를 공부해야 하기 때문에 여기서는 넘어가도록 할게요.

즉, 중성수소가 방출하는 21㎝의 파장이 어디에서 얼마만큼 오는 것에 따라서 중성수소의 위치와 양을 파악할 수 있습니다. **그리고 더욱 신기한 것은 중성수소도 적색편이, 청색편이를 보인다는 것이죠.** 그 말은 멀어지기도 가까워지기도 하는 것이죠? 나선팔이 회전을 하고 있다는 것이죠. 그래서 우리는 순간 이동하여 우리 은하의 모습을 촬영하지 않고도 알 수 있는 것이죠.

3) 우리 은하를 구성하는 요소

우리 은하를 구성하는 요소는 항성, 성간 물질, 암흑 물질 등으로 이루어져 있어요. 우리는 항성이 모여져 있는 산개 성단과 구상 성단, 성간 물질이 모여져 있는 발광 성운, 반사 성운, 암흑성운에 대하여 감상해 보는 시간을 가져 볼까요? 하지만 기본적인 개념은 알고 있어야겠죠?

산개 성단	같은 구름에서 태어났고 나이가 거의 같은 수천 개의 항성이 흩어져 모여 있는 집단
구상 성단	구형의 모양을 유지하는 항성의 모임으로 은하 중심의 주위를 마치 위성처럼 돎
발광 성운	항성에서 나온 고에너지가 구름을 이루고 있는 기체를 이온화시켜 다양한 색깔을 내는 구름
반사 성운	근처의 별빛을 받아 빛나는 구름
암흑 성운	구름 그 자체는 빛을 내지 않으나 배후의 별이나 발광가스를 흡수하여 검은 덩어리 또는 띠로 관측되는 구름

산개 성단

구상 성단

발광 성운

반사 성운

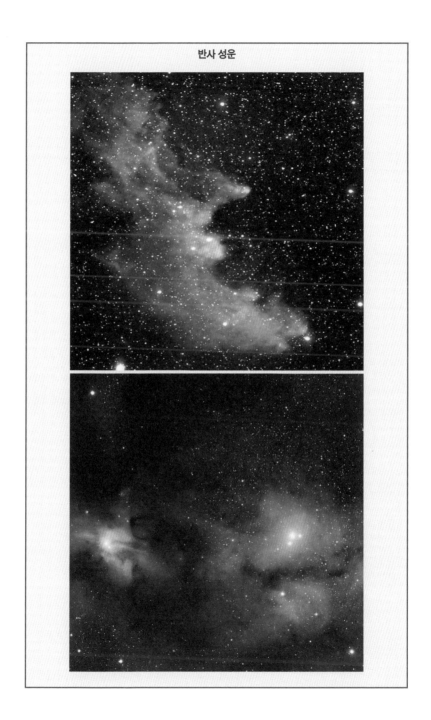

암흑 성운

우리 은하에 대한 공부를 끝으로 선생님과 공부가 드디어 끝이 났군요! 중학교 과정에서 벗어난 내용도 있지만 여러분이 공부를 한다면 이렇게 했으면 좋겠다고 생각하며 최대한 여러분과 같이 공부하고 있다는 느낌으로 책을 썼던 것 같아요. 설명이 부족한 부분, 과학적인 오류가 있는 부분도 있겠죠? 최대한 여러분들과 함께 수업하고 있다고 생각하고 설명하려고 했기 때문에 실수한 부분도 있을 것이에요. 이렇게 여러분과 헤어지려니 정말 아쉽네요! 하지만 헤어짐이 있으면 또 다른 새로운 만남이 있을 겁니다. 선생님보다 더 훌륭한 분들은 바로 여러분 학교에 계시는 선생님입니다. 이 책보다 수업시간에 열심히 듣고 여러분 스스로 공부하는 것이 제일 중요하답니다.

지금까지 이런 지구과학 수업은 없었다

ⓒ 김도형, 2020

초판 1쇄 발행 2020년 4월 26일
　　　2쇄 발행 2020년 12월 9일

지은이　　김도형
펴낸이　　이기봉
편집　　　좋은땅 편집팀
펴낸곳　　도서출판 좋은땅
주소　　　서울 마포구 성지길 25 보광빌딩 2층
전화　　　02)374-8616~7
팩스　　　02)374-8614
이메일　　gworldbook@naver.com
홈페이지　www.g-world.co.kr

ISBN　979-11-6536-334-5 (53450)